10일 수학

고등편

반은섭 지음

10일 수학

집중적으로! 빠르게! 전체를 장악한다

바다출판사

집중적으로 빠르게
고등학교 수학 전체를 장악하라

수학 공부의 태도를 바꾸는 10일

새 학기가 시작되기 전, 두꺼운 수학 개념서를 준비해 처음부터 밑줄 그어가면서 예습을 한 경험이 있을 것입니다. 많은 학생들을 지켜본 바에 따르면, 두꺼운 수학책의 앞부분만 열심히 보고, 그 다음부턴 손을 놓는 경우가 허다합니다. 산더미처럼 쌓인 수학 개념과 문제들에 곧 흥미를 잃기 때문이지요. 초등학교와 중학교 수학이 나무의 큰 줄기라고 하면 고등학교 수학은 곁가지입니다. 학습해야 할 수학 개념과 문제들이 눈덩이처럼 불어나 있습니다.

"복소수, 삼차방정식, 로그, 극한, 미분, 적분…" 단어만 봐도 어렵습니다. 때론 두렵습니다. 이렇게 세분화된 고등학교 수학 곁가지들을 공부하기 위해서는 짧게는 며칠, 길게는 몇 주가 걸립니다. 몇 달을 투자해야 온전히 알게 되는 미분 같은 개념도 있습니다. 이미 배워 알고 있는 지식과 모르는 것들이 뒤죽박죽 섞여 어떤 개념을 모르는지도 알기 어렵습니다. 그래서 고등학교 수학 공부에 마음의 문을 닫아버리는 학생도 많습니다. 수학 학습을 위한 새로운 처방전이 필요합니다.

여러분은 긴 지문이 있는 영어 독해 문제를 어떻게 푸나요? 지문의 첫 문장부터 정독하는 것보다는 문제를 먼저 훑어보고 글 전체의 흐름을 예상한 뒤에 본문을 읽는 편이 훨씬 더 좋습니다. 수학 공부도 마찬가지입니다. 핵심 개념과 문제들만을 간추려 짧은 시간에 먼저 훑어본다면 수학을 훨씬 더 수월하게 학습할 수 있습니다.

저는 늘 새 학기 시작 전에 한 학기나 한 학년 분량의 수학 내용을 이야기 형식으로 요약해서 학생들에게 나누어줍니다. 수학의 모든 내용이 연결되어 있기 때문에 이해할 수 있는 수준에서 상위 학년 수학 이야기도 담습니다. 아이들은 짧은 시간에 전체의 내용을 먼저 탐색할 수 있습니다. 단 몇 장의 글이지만 모두 읽어본 아이들은 놀라울 만큼 수학 공부에 자신감을 얻습니다. 수업 시간에 삼차방정식을 다루면서 한참 뒤에 배울 삼차함수나 미분 이야기도 할 수 있습니다. 학생들은 더 이상 교과서나 참고서에서 제시된 내용을 따라가기만 하지 않고 수학의 역사를 비롯해 다른 학문의 지식도 알게되고, 주어진 문제를 다양한 관점에서 해석하게 됩니다.

맥락을 짚고 핵심을 연결하는 10일

제가 학생들을 가르치면서 가장 많이 쓰는 단어가 '연결'입니다. 이 책《10일 수학 고등편》의 원리도 다름 아닌 연결입니다. 수학은 모든 개념이 실타래처럼 연결되어 있습니다. 여기저기 흩어진 고등학교 수학의 핵심 개념, 핵심 문제를 연결해야 합니다. 범위가 넓은 수능시험에서 고득점을 받으려면 전체의 맥락에 따라 각 부분의 핵심 개념을 연결해서 학습해야 합니다. 정해진 풀이법이나 알고리즘을 암기를 하는 것보다 큰 흐름을 알고 공부하는 것이 좋습니다. 훌륭한 수학 선생님이 계시다면 그분께 놀랍고도 감동적인 수학 이야기를 들어도 되지요. 하지만 여건이 되지 않는다면 이 책을 들고 있는 것으로 충분합니다.

저는 수학을 가르치는 교사이자 최근까지 10여 년간 학문으로서 수학교육을 연구해온 학자이기도 합니다. 제가 수학교육을 전공하며 대학원 석사과정과 박사과정에서 주로 연구한 분야는 '문제 해결에 관련된 심리학'입니다. 수학 시험에 출제되는 문제들은 당연히 여러 개념들이 복잡하게 연결되어 있지요. 문제 해결에 성공하려면 관련된 수학 지식을 기억 속에 어떻게 저장해야 하며 어떤 방식으로 해법을 인출해야 하는지가 주된 연구 주제였습니다. 충분히 예상할 수 있듯이 개별적으로 흩어져 있는 낱개의 개념은 문제 해결에 도움이 되지 않습니다.

평소 공부를 열심히 하지만 시험 점수가 잘 나오지 않는 학생들이 있습니다. 이 친구들과 이야기를 나누다보면 공통적으로 발견되는 특징이 있습니다. 공부한 내용들을 하나의 연결망으로 집중해놓지 못한다는 것입니다. 학습 방법을 조금 바꿔주면 이 학생들의 성적이 많이 오릅니다. 얼마나 오래 공부했는지가 중요한 것이 아닙니다. 기억에 쌓여 있는 수학 지식과 개념의 분량보다는 지식이 어떻게 구조화되어 체계적으로 정리되어 있는지가 훨씬 더 중요합니다. 연결된 지식을 하나의 덩어리로 집중시켜야 합니다.

개념과 지식, 원리를 깨우치는 10일

인지심리학에서는 기억에 구조화되어 저장된 지식의 틀 내지는 구조를 스키마Schema라고 합니다. 스키마는 컴퓨터에서 잘 정리된 폴더와 비슷한 개념입니다. 새롭게 주어진 수학 문제 해결을 위해 필요한 개념과 지식, 원리와 법칙들을 잘 연결된 하나의 망으로 저장해놓아야 합니다. 예를 들어 '이차방정식의 해'와 '판별식' 그리고 '이차함수의 그래프'를 따로 학습하지 말고, 하나의 스키마로 집중해 연결망을 만들어놓아야 합니다.

이 책은 고등학교 전 과정에서 다루는 핵심 내용과 문제들을 잘 연결해 10개의 강의에 담았습니다. 하루 한 편씩 집중해서 읽어보기 바랍니다. 참고서에 있는 수많은 문제 풀이는 조금 미뤄두고

딱 10일만 집중해 먼저 단단한 수학 연결고리를 만들어 놓으십시오. 예습을 하고 싶은 학생, 복습을 하고 싶은 학생, 총정리를 하고 싶은 학생 모두 이 책을 활용하면 좋습니다.

아인슈타인은 우리가 살고 있는 우주 공간을 멋진 수학 언어로 재해석했습니다. 공간과 기하에 관련된 내용은 10일차 강의에서 확인할 수 있답니다. 아인슈타인은 상대성 이론에서 질량이 큰 물체 주위로 빛이 휘어진다고 예언했습니다. 실험 결과에 의해 사실로 밝혀졌지요. 실제로 태양 주위를 지나는 빛은 아인슈타인의 방정식에 따라 일정하게 휘어집니다. 그런데 사실 빛은 언제나 가장 빠른 길로 직진한답니다. 강한 중력에 의해 시공간이 왜곡되어 있기 때문에 빛의 경로가 휘어진 것처럼 보이는 것이지요. 그저 빛은 가장 빠른 길로 가고 있을 뿐입니다. 공간이 뒤틀렸다는 본질을 깨닫게 되면 모든 현상이 이해됩니다.

이 책을 통해 여기저기 흩어진 수학의 개념들과 수없이 많은 문제들을 보다 근본적으로 들여다볼 수 있게 되길 바랍니다. 오늘도 '수학 여행'을 하고 있을 여러분이 어디에 있든 매 순간 이 책이 든든한 길잡이가 되어줄 것이라고 믿습니다.

싱가포르 부킷티마 자연공원에서
반은섭

책은 어떻게 구성되어 있는가?

수학에는 대수algebra, 기하geometry, 함수function, 확률probability, 미적분calculus과 같은 분야가 있습니다. 초등학교와 중학교에서는 각 영역에 있는 수학 나무의 큰 줄기를 다루었다면 고등학교 수학은 각 분야에 있는 곁가지들을 배웁니다. 당연히 줄기에 해당하는 수학 개념을 알고 있어야 고등학교 수학 학습이 가능합니다. 준비가 되셨나요? 이 책을 통해 고등학교 수학 나무의 곁가지 중에서 가장 핵심적인 부분을 탐구하고 음미할 수 있을 것입니다.

고등학교 1학년 과정의 수학을 1장부터 4장까지 배치했습니다. 5장부터 10장까지는 2학년과 3학년에서 배우는 수학 내용입니다. 아직 배우지 않은 학생들은 예습 삼아, 이미 배운 학생들은 복습 삼아 활용하시기 바랍니다.

모든 장은 강의식으로 이루어졌습니다. 서론(들어가며), 본론, 결론(강의 정리)의 형식으로 진행됩니다. 본론은 크게 세 부분으로 이루어져 있습니다.

첫째, 수학 교과서에서 제시된 최소한의 지식과 개념을 학습합니다. 때론 교과서에는 없지만 잠재력을 키우는 데 적합한 조금 깊은 수학 지식을 '한 걸음 더 나아가기'로 소개합니다.

둘째, 수학 지식 및 개념을 바탕으로 엄선된 좋은 수학 문제를 소개합니다. 수학 문제 해결 방법을 궁리해볼 수 있습니다. 문제 해결을 통해 문제 해법의 중요한 단서가 되는 수학 발견술을 정리합니다.

셋째, 수학 개념과 지식을 들여다보고, 우리의 감성을 자극할 수 있는 이야기를 전합니다. 이는 각각 복잡한 수학 문제와 인생의 문제를 해결하기 위한 잠언이자 통찰입니다.

무엇보다 이 책에 제시된 '수학 발견술'을 수시로 읽어 마음에 새겨두고 필요한 순간에 사용하십시오. 전쟁에서 승리하는 데 필요한 전술을 정리한 《손자병법》이 있다면, 수학 시험을 잘 보기 위한 전술, 더 나아가 복잡한 인생 전술을 정리해놓은 이 책이 여러분의 손에 있습니다. 전시에는 공부하거나 책을 볼 시간이 없죠. 미리 외워둔 병법을 곧바로 써야 합니다. 수학 시험에서도 마찬가지입니다. 시험 시간은 곧 전시와 마찬가지입니다. 수학 선생님들이 문제를 보자마자 칠판에 거침없이 푸는 것처럼 전시에는 머릿속에 기억된 수학 발견술들이 문제 해결을 위한 강력한 무기가 될 것이라 확신합니다.

이 책은 고등학교 수학 전 과정의 내용 중에서 꼭 필요한 핵심 개념과 문제들을 다루었습니다. 독수리가 상공에서 숲을 바라보듯이 고등학교 수학 전체를 개관하고 필요한 부분이 있으면, 교과서나 참고서를 더 찾아보는 방식으로 이 책을 활용할 수 있습니다.

혹시 중학교 수학부터 다시 시작하고 싶나요? 여러분의 수학 여행길에서 확실한 가이드가 되어줄《10일 수학 중등편》을 참고하십시오. 함수나 방정식 같은 기초 수학 지식과 핵심 문제들을 단기간에 학습할 수 있을 것입니다.

목차

이 책을 관통하고 있는 세 가지 원칙입니다.

원칙 1) 수학 지식을 간단하고 심플하게 공부한다.
원칙 2) 최소한의 핵심 문제 풀이를 통해 더 많은 문제로 확장하고 적용할 수 있도록 한다.
원칙 3) 수학을 삶에 적용해 수학의 가치와 흥미를 느끼게 한다.

모든 내용과 문제를 나열해놓은 교과서나 참고서에 대한 대안으로 가장 기본적인 지식을 학습하고
(원칙 1), 학습한 내용을 중심으로 한 엄선된 핵심 문제 풀이를 통해 또 다른 문제 풀이에 확장하고
적용할 수 있는 수학 발견술을 터득하는 것입니다(원칙 2). 그리고 수학을 우리 삶에 적용해 수학의
가치와 흥미를 느끼게 하는 것이죠. 수학이 우리 삶과 어떻게 관련이 되는지 알 수 있으므로, 학교를
졸업하고 사회생활을 하게 될 학생들에게 든든한 자산이 될 것입니다(원칙 3).

1일차

복소수와 이차방정식

틀 밖으로 나가라

허수는 존재와 비존재 사이의 거의 양쪽에 머무는
멋지고 경이로운 인간 정신의 재원이다.
— 고트프리트 라이프니츠

들어가며

우리는 자연수부터 실수까지 수의 범위를 조금씩 확장하는 원리를 중학교에서 이미 배웠습니다. 이제 방정식 풀이의 관점에서 실수에서 한 단계 더 나아가 허수를 생각하고, 수의 범위를 복소수까지 확장하는 원리를 살펴보겠습니다.

방정식을 푼다는 것은 방정식을 만족시키는 수를 찾아내는 겁니다. 수의 세계를 오로지 자연수로 제한한다면, $x+2=0$의 해는 없습니다. 수를 정수의 범위까지 확장해야 $x=-2$를 찾을 수 있습니다.

마찬가지로 제곱을 해서 음수가 되는 수, 예를 들어 $x^2=-1$의 근은 실수의 범위에서 찾을 수 없습니다. 실수를 제곱하면 언제나 0 이상인 수가 되기 때문입니다. 실수가 아닌 수가 필요합니다.

허수입니다. 허수를 정의하면 실수와 허수를 합쳐 복소수라는 더 넓은 범위의 수를 생각할 수 있습니다. 다만 실수에서 우리가 했던 사칙연산인 덧셈, 뺄셈, 곱셈, 나눗셈이 복소수에서도 문제없이 적용되도록 수를 잘 정의해야 합니다. 이번 시간에는 잘 정의된 복소수의 사칙연산을 공부할 것입니다.

복소수까지 수의 범위를 넓혀서 생각하면 우리가 중학교 3학년 과정에서 배운 이차방정식의 해를 보는 관점도 바뀝니다. 허근만 두 개인 이차방정식도 존재하는 것이죠.

이차방정식의 해가 실근인지 허근인지를 판별하는 식은 이미 다 알고 있습니다. 뿐만 아니라 이 놀라운 판별식은 이차함수의 그래프는 물론이고 직선과의 위치 관계도 알려줍니다.

허수는 이름부터 '가짜 수'이기 때문에 허수를 포함하는 복소수는 우리의 실생활과 무관하게 관념에만 있는 수라고 생각할 수 있습니다. 하지만, 허수와 복소수는 수학적으로 잘 정의된 수이며, 시각적으로 충분히 표현해 잘 활용하고 있습니다. 복소수를 시각적으로 표현할 수 있는 복소평면 모델 덕분입니다.

실제로 복소수를 이용해 물리학에서 전기장, 파동, 전류와 같은 자연에너지를 나타내고 있습니다. 오늘은 복소평면의 기본 개념을 다룹니다. 복소수가 '가짜 수'가 아니라 우리가 '진짜로' 생각할 수 있는 수라는 것을 느껴보기 바랍니다.

수학 교과서로 배우는 최소한의 수학 지식

허수 단위

스위스의 수학자 레온하르트 오일러$_{\text{Leonhard Euler(1707~1783)}}$는 제곱하여 -1이 되는 수를 문자 i로 처음 사용했습니다. 즉 $i^2=-1$이 되며, 허수 단위 i는 -1의 제곱근 중 하나입니다. $\sqrt{-1}$을 허수 단위로 정의합니다. 허수 단위를 이용하면, $\sqrt{a}$에서 a가 음수인 모든 허수를 실수와 허수 단위의 곱으로 쓸 수 있습니다.

　(예) $\sqrt{-7}=\sqrt{7}\sqrt{-1}=\sqrt{7}i$, 　　$\sqrt{-9}=\sqrt{9}\sqrt{-1}=3i$

복소수

제곱해서 음수가 되는 실수는 존재하지 않습니다. 허수 단위 i를 이용해 만들 수 있는 허수$_{\text{imaginary number}}$를 고려하면, 수의 범위를 실수에서 더 높은 차원의 복소수로 확장할 수 있습니다. 실수 a와 b를 사용하여, $a+bi$로 나타낼 수 있는 수를 복소수라고 합니다. 이때, a를 복소수의 실수부분, b를 허수부분이라고 합니다.

복소수는 실수를 포함하고 있는 수입니다. $a+bi$에서 $b=0$일 경우에 실수가 됩니다.

복소수의 사칙연산

실수에서 확장된 복소수의 덧셈, 뺄셈, 곱셈, 나눗셈은 다음과 같은 규칙으로 계산합니다.

(1) 복소수의 덧셈과 뺄셈

실수 a, b, c, d에 대하여

$$(a+bi)+(c+di)=(a+c)+(b+d)i$$
$$(a+bi)-(c+di)=(a-c)+(b-d)i$$

(2) 복소수의 곱셈

실수 a, b, c, d에 대하여

$$(a+bi)(c+di)=(ac-bd)+(ad+bc)i$$

(3) 복소수의 나눗셈

켤레복소수

복소수 $z=a+bi$에서 허수부분의 부호를 바꾼 복소수 $\bar{z}=a-bi$를 생각해 봅시다. z와 $\bar{z}$는 서로 켤레복소수입니다.

(예) $2+3i$의 켤레복소수는 $2-3i$, i의 켤레복소수는 $-i$,

5의 켤레복소수는 5

복소수의 나눗셈은 분모의 켤레복소수를 분모와 분자에 각각 곱해 계산하면 됩니다. 즉 a, b, c, d가 실수이고 $c+di \neq 0$일 때

$$\frac{a+bi}{c+di} = \frac{(a+bi)(c-di)}{(c+di)(c-di)}$$

$$= \frac{ac-adi+bci-bdi^2}{c^2-d^2i^2}$$

$$= \frac{ac+bd+(bc-ad)i}{c^2+d^2}$$

$$= \frac{ac+bd}{c^2+d^2} + \frac{bc-ad}{c^2+d^2}i$$

복소수의 덧셈, 뺄셈, 곱셈, 나눗셈의 결과 역시 복소수가 됩니다. 예를 들어, 두 복소수의 나눗셈, 즉 $(a+bi) \div (c+di) = \dfrac{a+bi}{c+di}$ 의 형태는 분모를 실수로 바꾸는 분모의 실수화 과정을 거쳐 언제나 $x+yi$ 꼴의 복소수로 만들 수 있습니다. 무리수를 학습하면서 배운 분모의 유리화도 같은 맥락입니다.

예를 들어서 $\dfrac{2}{1+\sqrt{3}}$의 분자와 분모에 $1-\sqrt{3}$을 곱함으로써 $x+y\sqrt{3}$ 꼴의 수로 만드는 것이죠. 결과적으로 사칙연산이 잘 정의된 복소수로의 수의 확장이 완벽하게 이루어진 셈입니다.

문제 다음을 계산해 $a+bi$의 꼴로 나타내세요(단 a, b는 실수).

(1) $(3-i)(1+2i)$　　　　(2) $\dfrac{3-i}{1+i}$

풀이 (1) $(3-i)(1+2i) = 5+5i$

$$(2) \ \frac{3-i}{1+i} = \frac{(3-i)(1-i)}{(1+i)(1-i)} = 1-2i$$

이차방정식의 근의 판별

계수가 실수인 이차방정식 $ax^2+bx+c=0(a \neq 0)$의 근은

$x = \dfrac{-b \pm \sqrt{b^2-4ac}}{2a}$ 입니다. 이때, 근호 안에 있는 b^2-4ac의 부호

에 따라 실근인지 허근인지가 결정됩니다. 즉

가) $b^2-4ac > 0$이면, 서로 다른 두 실근

나) $b^2-4ac = 0$이면, 서로 같은 두 실근(중근)

다) $b^2-4ac < 0$이면, 서로 다른 두 허근

입니다. 근을 구하지 않고도 계수들만으로 이차방정식의 근을 가),
나), 다)와 같이 판별할 수 있다고 하여 $D=b^2-4ac$를 판별식이라
고 합니다.

이차함수와 이차방정식의 관계

두 함수 $y=f(x)$, $y=g(x)$ 그래프의 교점의 x좌표는 방정식
$f(x)=g(x)$의 실근과 같습니다. 좌표평면의 x축을 방정식으로 표
현하면, $y=0$이지요. 따라서 이차함수 $y=ax^2+bx+c$의 그래프와
x축$(y=0)$의 교점의 x좌표는 이차방정식 $ax^2+bx+c=0$의 실근

과 같습니다. 이처럼 함수와 방정식을 같이 생각할 수 있습니다.

다음의 표에 이차방정식의 판별식의 부호에 따른 이차함수 그래프의 대략적인 형태가 잘 나와 있습니다.

판별식의 부호	$D>0$	$D=0$	$D<0$
$ax^2+bx+c=0$	서로 다른 두 실근 ($x=\alpha$ 또는 $x=\beta$)	중근 ($x=\alpha$)	서로 다른 두 허근
$y=ax^2+bx+c$ ($a>0$)의 그래프			
$y=ax^2+bx+c$ ($a<0$)의 그래프			
$y=ax^2+bx+c$ ($a\neq0$)의 그래프와 x축의 교점의 개수	2	1	0

이차함수의 그래프와 직선의 위치관계

이차함수 $y=ax^2+bx+c$의 그래프와 직선 $y=mx+n$의 교점의 x좌표는 $y=ax^2+bx+c$와 $y=mx+n$를 연립해 얻은 이차방정식 $ax^2+(b-m)x+(c-n)=0$ ······ (*)의 실근과 같습니다.

따라서 이차함수 $y=ax^2+bx+c$와 직선 $y=mx+n$의 교점의 개수는 방정식 (*)의 실근의 개수와 같습니다. 그러므로 이차함수 와 직선의 위치관계는 (*)의 판별식 $D=(b-m)^2-4a(c-n)$ 값 의 부호에 따라 다음과 같습니다.

판별식의 부호	$D>0$	$D=0$	$D<0$
이차함수 $y=ax^2+bx+c$의 그래프와 직선 $y=mx+n$ 의 위치관계 $(a>0,\ m>0)$	서로 다른 두 점에서 만난다.	한 점에서 만난다. (접한다).	만나지 않는다.

문제 이차함수 $y=x^2+x+1$의 그래프와 직선 $y=3x+2$의 위치관 계는 어떠한가요?

풀이 $y=3x+2$를 $y=x^2+x+1$에 대입하여 정리하면,

$3x+2=x^2+x+1$

$x^2-2x-1=0$

이 이차방정식의 판별식을 D라고 하면,

$D=(-2)^2-4\times1\times(-1)$

$\quad=8>0$

즉 $D>0$이므로 이차함수 $y=x^2+x+1$의 그래프와

직선 $y=3x+2$는 서로 다른 두 점에서 만납니다.

수학 교과서에서 한 걸음 더 나아가기

복소평면

복소수 z는 다음과 같이 정의된 수입니다.

$$z = a + bi \text{ (단 } a, b\text{는 실수)}$$

임의의 복소수 $a + bi$는 실수 a, b 두 개로 이루어진 순서쌍 (a, b)로 생각할 수 있습니다. 실수부분을 x축(실수축), 허수부분을 y축(허수축)에 대응시키면 복소수 $a + bi$는 좌표평면의 한 점 (a, b)로 나타낼 수 있습니다.

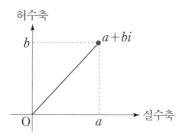

위의 그림과 같이 서로 직교하는 실수축과 허수축으로 이루어져 있으며 복소수를 나타낼 수 있는 평면을 복소평면이라고 합니다. 복소평면에 표현된 복소수는 실수와는 달리 2차원의 수가 됩니다. 예를 들어 복소수 $1 + i$는 다음과 같이 표현됩니다.

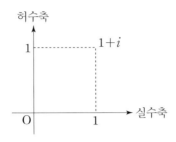

복소평면의 개념은 수학자 카를 프리드리히 가우스Carl Friedrich Gauss(1777~1855)에 의해 널리 알려져 가우스평면이라고도 합니다. 복소평면으로 인해 19세기까지만 해도 여전히 생소한 개념이었던 허수는 더는 '가짜 수'가 아닌 우리 눈에 보이는 '진짜 수'가 되었습니다. 복소평면 모델로 인해 수학자들이 복소수의 개념을 자연스럽게 받아들일 수 있었죠.

더 나아가 복소평면은 복소수의 성질이나 사칙연산의 원리를 기하학적으로 해석할 수 있도록 해주어 수학자들은 복소수를 보다 깊이 연구할 수 있었습니다.

복소평면을 이용하면 방정식의 허근도 시각적으로 표현할 수 있습니다. 근의 공식으로부터 이차방정식에 허근이 있다면 반드시 두 개가 있으며, 허수부분의 부호만 다른 두 개의 켤레복소수라는 것을 알 수 있습니다.

이 켤레복소수를 복소평면에 표현하면, 실수축에 대칭인 두 개의 점으로 표시할 수 있습니다. 삼차방정식의 근을 복소평면에 표현해 보겠습니다(삼차방정식은 3일차 강의에서도 자세하게 다룹니다).

문제 삼차방정식 $x^3-1=0$의 모든 해를 복소평면에 표현하세요.

풀이 인수분해 공식에 의해 좌변을 인수분해하면,

$(x-1)(x^2+x+1)=0$입니다.

즉 $x-1=0$ 또는 $x^2+x+1=0$입니다.

근의 공식을 이용해 근을 구해보면,

$x=1$ 또는 $x=\dfrac{-1+\sqrt{3}i}{2}$ 또는 $x=\dfrac{-1-\sqrt{3}i}{2}$입니다.

이제 이 세 근을 복소평면에 나타내 보겠습니다.

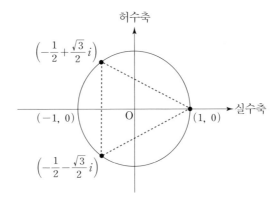

반지름이 1인 원에서 $x=1$을 기준으로 $120°$씩 회전한 곳에 해가 존재하며, 이 세 점은 정삼각형의 꼭짓점들을 나타냅니다.

수학 문제 해결

문제 $i+i^2+i^3+\cdots+i^{50}$을 구하세요.

풀이 허수단위 i의 거듭제곱 i^n을 차례로 나열하면 규칙을 찾을 수 있습니다. i, -1, $-i$, 1이 차례로 반복되기 때문입니다.

$$i=i^5=i^9=\cdots=i$$
$$i^2=i^6=i^{10}=\cdots=i^2=-1$$
$$i^3=i^7=i^{11}=\cdots=i^3=-i$$
$$i^4=i^8=i^{12}=\cdots=i^4=1$$

그러므로, $i+i^2+i^3+\cdots+i^{50}$
$$=(i+i^2+i^3+i^4)+(i^5+i^6+i^7+i^8)+\cdots+i^{49}+i^{50}$$
$$=i^{49}+i^{50}$$
$$=i-1$$

직관적으로 허수를 받아들이기 어렵지만, 수학적인 관점에서 허수 단위 i의 거듭제곱은 위와 같은 규칙으로 자연스럽게 정의됩니다.

문제 복소수 $z=\dfrac{1+i}{1-i}$에 대하여, $z^{30}+\dfrac{1}{z^{30}}$의 값을 구하세요.

풀이 $z = \dfrac{1+i}{1-i} = \dfrac{1+i}{1-i} \times \dfrac{1+i}{1+i} = i$ 이므로,

$$z^{30} + \dfrac{1}{z^{30}} = i^{28}i^2 + \dfrac{1}{i^{28}i^2} = -1-1 = -2$$

규칙성 찾기 전략은 문제의 자료에서 규칙을 찾는 것입니다. 주로 자연수로 이루어진 변수 n이 문제에 명시되어 있는 경우가 많은데, 이 전략은 귀납적 추론 혹은 패턴 찾기 전략으로 불리기도 합니다.

수학 발견술 1	규칙성을 찾아라.

문제 이차방정식 $x^2 + 5x + a = 0$이 서로 다른 두 개의 실근을 갖기 위한 정수 a값을 하나만 구하세요.

풀이 판별식 $D = 5^2 - 4a = 25 - 4a > 0$이 되어야 하므로, $a < \dfrac{25}{4}$인 정수 중 하나를 택하면 됩니다.

이차방정식 $ax^2 + bx + c = 0$에서 판별식은 $D = b^2 - 4ac$로 정의됩니다. 기호 D는 Discriminant의 첫 글자입니다. 근의 공식에서 루트 안에 있는 복잡한 식으로 생각할 수 있으나, 방정식을 풀지 않고도 근을 '판별'할 수 있는 유용한 도구가 되는 식입니다. 판별식의 부호만 보면 되거든요.

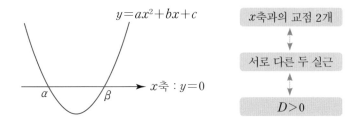

우리는 학습한 정보를 위의 그림과 같이 도식화해서 기억하고 있어야 합니다. 피아제를 비롯한 많은 인지심리학자들이 사용한 스키마Schema라는 심리학 용어가 있습니다. 우리말로는 '인지구조' 정도로 번역할 수 있습니다. 학습과 기억은 스키마를 통해 이루어지며, 우리는 기존에 만들어 놓은 스키마를 바탕으로 새로운 문제를 해결하게 됩니다.

수학 개념을 이해한 후에는 반드시 그 내용을 암기해두어 견고한 스키마로 장기기억에 저장해놓아야 합니다. 단기기억은 금방 사라지는 기억입니다. 예를 들어 일주일 전에 먹은 저녁 메뉴를 기억하는 사람은 거의 없을 겁니다. 의미 있었던 경우를 제외하곤 모두 사라지는 정보이지요.

다만 반복적인 학습이 전제되면 오래 남는 장기기억으로 저장됩니다. 예를 들어 다음날에도 그리고 그다음 날에도 계속 저녁에 무엇을 먹었는지 생각하는 것입니다.

위의 그래프와 판별식 도식을 이해했으면, 암기를 통해 장기기억에 저장해놓으십시오. 여러분들의 학습과 문제 해결을 위한 스키마로 조직될 것입니다.

사실 여기까지는 누구나 할 수 있습니다. 열심히 학습하고 암기하면 되거든요. 그런데 더 중요한 것이 있습니다. 문제가 나왔을 때, 의식적으로 방정식 → 그림 → 판별식을 생각해내는 겁니다. 우리가 어떤 내용을 기억하고 있을 때 누군가가 힌트를 주면 답을 할 수 있지요. 하지만 필요한 정보를 내가 스스로 기억에서 인출하는 일은 무척 어렵습니다.

문제 해결에 필요한 지식을 적절하게 꺼내어 쓰는 것이 수학 문제를 잘 푸는 비법입니다. 어떤 대상에 대한 인식이나 판단에 따라 계획적으로 하는 일을 의식적으로 한다고 합니다. 여러분이 암기한 공식을 의식적으로 활용하시기 바랍니다.

수학 발견술 2	공식을 암기하고 의식적으로 활용하라.

수학 감성

감각과 인식의 한계

2차원 좌표평면에서 (실수, 실수) 순서쌍을 표시하고 모두 연결하면 그래프를 그릴 수 있습니다. 허수는 좌표평면에 나타나지 않기 때문에 우리는 그래프들의 교점이 없을 경우에는 실근이 없다고 판단합니다.

다만 또 다른 차원인 복소수의 범위에서 허근이 존재하는 것으로 이해하지요. 식에선 확인할 수 있지만 그림에서는 나타나지 않는 정보입니다. 실수만 생각하면 '실수'할 수 있습니다. 눈에 보이는 것이 전부라고 생각하지 맙시다.

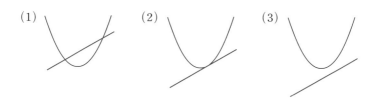

위의 그림은 본문에서 설명한 이차함수의 그래프와 직선의 위치 관계를 나타낸 것입니다. 교점이 두 개, 한 개, 그리고 없는 경우도 있습니다. 교점이 없는 경우에는 더 높은 차원에서 허근이 존재합니다. 실수 범위에서만 없는 겁니다. 복소수 범위에선 있습니다.

생각을 우주로 확장해보겠습니다. 과연 또 다른 세계에 또 다른 내가 존재할 수 있을까요? 많은 영화나 드라마의 소재가 된 내용입니다. 한 인물이 두 세계에 동시에 존재하지만, 둘은 전혀 다른 삶을 살아가지요. 가능한 일일까요? 다수의 저명한 과학자는 이론적으로 가능하다고 주장합니다. 이를 평행우주론이라고 합니다.

평행우주론이란 모든 가능성의 개수만큼 우주가 존재한다는 이론입니다. 내 앞에 놓인 선택지들이 있으면, 그 수만큼 우주가 존재할 수 있다는 것입니다. 예를 들어 우리가 버스를 탈지 지하철을 탈지 고민하다가 버스를 타면 그 순간 우주는 버스를 타는 우주, 지하철을 타는 우주로 갈라지는 것입니다.

두 우주는 시간을 공유하지만 공간이 다릅니다. 우리가 살고 있는 세상은 수많은 우주 중 하나입니다. 하지만 서로 보거나 만날 수는 없죠. 다른 우주를 관측할 수 없어 확인이 불가능하다는 이유로 평행우주론은 현재 잠정적인 이론입니다. 우리 인류가 풀어야 할 과학적 난제이기도 합니다.

틀 밖으로 나가기

허수를 알기 전까지 실수는 단지 유리수와 무리수로 이루어진 수였죠. 수의 세계를 복소수까지 넓혔을 때, 비로소 실수가 1차원의 수이며 허수와 대비한 어떤 성질이 있다는 것을 알게 되었습니다. 같은 맥락으로 어떤 조직 밖으로 나오면 그 조직이 보입니다.

지구의 모습을 보기 위해선 지구 밖으로 나가야 합니다. 사물을 객관적으로 보기 위해서 틀 밖으로 나가십시오. 두려울 수도 있습니다. 하지만 신대륙을 찾아 저 먼 바다로 나간 콜롬버스의 마음으로 떠나야 합니다. 콜롬버스가 찾은 신대륙은 단지 지구에서 우리가 살 수 있는 영역을 확장시킨 것으로 끝나지 않습니다. 당시까지 뿌리 깊게 자리 잡고 있던 기존의 낡은 패러다임을 깼다고 볼 수 있습니다.

실수만 알고 있던 중학교 3학년 과정에선 이차방정식의 근이 없는 경우도 있었습니다. 실수라는 틀을 벗어나 복소수를 알게 되었을 때, 더 높은 차원에서 이차방정식의 근으로 재해석할 수 있었습니다. 아직도 0을 제외한 모든 수 x에 대해 x^2은 당연히 양수라고 생각하나요?

도형의 방정식

점과 점은 언젠가 연결된다

대수와 기하가 분리되어 있다면
수학의 발전은 더디고 유용성은 한계가 있었을 것이다.
그러나 이 두 분야가 하나가 될 때, 서로의 힘을 주고받을 수 있고,
완성을 향한 행진을 함께할 수 있다.
— 조셉루이 라그랑주

들어가며

고대 그리스 시대부터 중세 시대까지 기하학의 연구는 주로 유클리드Euclid(기원전 325?~기원전 265?)의 《원론Elements》을 기반으로 한 논증기하가 전부였습니다. 좌표평면에 그려진 직선이나 원, 곡선 등의 성질을 x, y 등의 문자를 사용한 방정식을 통해 연구하게 된 건 르네상스 이후였습니다.

근대의 철학자이자 수학자였던 르네 데카르트René Descartes(1596~1650)는 점의 위치를 정확하게 표현할 수 있는 좌표평면을 최초로 사용했습니다. 데카르트 이후에 비로소 움직이는 물체의 운동을 종이로 가져와 해석할 수 있었죠.

데카르트는 1637년에 철학적 방법의 전반적인 내용을 담은

《방법서설Discours de la methode》을 발표했습니다. 이 책에는 세 편의 부록이 첨부되어 있는데, 바로 세 번째 부록이 수학사에서 아주 중요한 수학책인《기하학La Géómetrie》입니다.

그는《기하학》에서 좌표평면의 개념을 도입하고 평면 위의 점을 하나의 좌표 (x, y)로 대응시켰습니다. 역사상 처음으로 도형을 a, b, c, x, y, z를 사용한 대수방정식으로 나타내고 그래프로 표현했습니다. 예를 들어 하늘로 던진 물체가 그리는 포물선을 간단한 방정식 $y = -x^2$으로 표현하고 그래프를 그렸던 것이지요. 뿐만 아니라 그는 대수적인 방법을 통하여 기하 문제에 접근하는 방법을 놀라울 만큼 체계적으로 제시했습니다. 도형을 대수적인 방법으로 연구하는 수학의 한 분야가 해석기하학입니다.

특히 데카르트는 작도가 불가능한 원뿔곡선에 관심이 많았습니다. 그는 직접 제작한 도구를 이용해 포물선, 타원, 쌍곡선을 그렸습니다. 다음 그림은 데카르트가 도구를 이용해 그린 쌍곡선입니다.

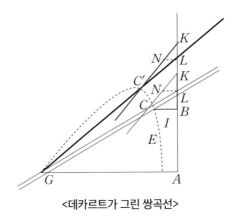

<데카르트가 그린 쌍곡선>

우리가 반비례 함수라고 알고 있는 $y=\dfrac{1}{x}$의 그래프도 쌍곡선이지요. 데카르트는 이와 같이 곡선을 좌표평면에 그려 놓고 x, y라는 문자를 사용해 포물선, 타원, 쌍곡선의 방정식을 구했습니다.

그래프를 그리고 대수식과 연결하여 물체의 운동을 최초로 연구한 데카르트는 이후 아이작 뉴턴Isaac Newton(1643~1727)과 고트프리트 빌헬름 라이프니츠Gottfried Wilhelm Leibniz(1646~1716)가 미분법을 발견하고 학문으로서의 미적분학을 체계적으로 완성하는 데 큰 도움을 주게 됩니다.

2일차에서는 원의 방정식과 타원의 방정식을 살펴보겠습니다. 원과 타원은 원뿔곡선들입니다. 데카르트의 발자취를 더듬어보겠습니다.

수학 교과서로 배우는 최소한의 수학 지식

원의 방정식

좌표평면 위의 한 점 $C(a, b)$를 중심으로 하고 반지름의 길이가 r인 원을 나타내는 방정식을 알아보겠습니다.

이 원 위의 임의의 점을 $P(x, y)$라고 하면, $\overline{CP}=r$이므로 $\sqrt{(x-a)^2+(y-b)^2}=r$이고, 양변을 제곱하면

$(x-a)^2+(y-b)^2=r^2$입니다.

원을 방정식으로 표현했습니다. 즉 이 방정식이 원입니다.

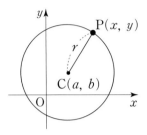

특히 중심이 원점이고 반지름이 r인 원의 방정식은 $x^2+y^2=r^2$
입니다.

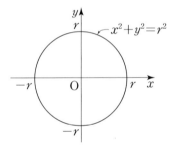

중심이 (a, b)이고 반지름의 길이가 r인 원의 방정식
$(x-a)^2+(y-b)^2=r^2$을 전개하면, x, y에 대한 2차식이 됩니다.

문제 방정식 $x^2+y^2-4x+6y-3=0$은 어떤 도형을 나타내는지
설명하세요.

풀이 주어진 방정식을 변형하면,
$$(x^2-4x+4)+(y^2+6y+9)=16$$

즉 $(x-2)^2+(y+3)^2=4^2$입니다.

따라서 주어진 방정식은 중심이 점 $(2, -3)$이고 반지름의 길이가 4인 원을 나타냅니다.

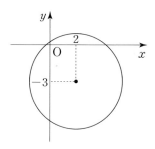

문제 두 점 $(-2, 5)$, $(2, -5)$를 지름의 양 끝점으로 하는 원의 방정식을 구하세요.

풀이 원의 방정식을 구하기 위해서는 중심의 좌표와 반지름의 길이를 알아야 합니다. 문제에서 두 점 $(-2, 5)$, $(2, -5)$이 지름의 양 끝점이라고 했기 때문에 이 두 점의 중점 $\left(\dfrac{-2+2}{2}, \dfrac{5-5}{2}\right) = (0, 0)$, 즉 원점이 원의 중심입니다. 한편 원점에서 점 $(-2, 5)$까지의 거리는 $\sqrt{4+25}=\sqrt{29}$이므로 반지름은 $\sqrt{29}$입니다. 따라서 원의 방정식은 $x^2+y^2=29$입니다.

문제 다음 그림과 같이 좌표평면 위에 원점과 두 점 $(3, 1)$, $(6, 0)$을 지나는 호가 그려져 있습니다. 이 호를 포함하는 원의 중심의 좌표와 반지름의 길이를 각각 구하세요.

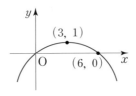

풀이 원의 방정식을 $x^2+y^2+ax+by+c=0$이라고 하겠습니다. 원의 방정식에 세 점의 좌표 $(0,0)$, $(3,1)$, $(6,0)$을 각각 대입하면 다음과 같은 연립방정식을 얻을 수 있습니다.

$$\begin{cases} c=0 \\ 3a+b=-10 \\ 6a=-36 \end{cases}$$

이 연립방정식의 해를 구하면, $a=-6$, $b=8$, $c=0$입니다.

따라서 원의 방정식은 $x^2+y^2-6x+8y=0$이며,

중심과 반지름을 구하기 위해 원의 방정식을 변형하면,

$(x-3)^2+(x+4)^2=5^2$입니다.

원의 중심의 좌표는 $(3, -4)$, 반지름은 5입니다.

타원의 방정식

고대 그리스 수학은 현대인들에게 많은 영향을 주었습니다. 그중 원뿔곡선은 빼놓을 수 없는 개념입니다. 원뿔 두 개를 꼭짓점끼리 위아래로 붙인 후 평면으로 자르면, 네 가지 종류의 곡선이 나옵니다. 원, 타원, 포물선, 쌍곡선입니다. 고대 그리스 수학자들은 원뿔에서

유래된 이 곡선들에 관심이 많았습니다.

근대 이후에 지구에서 하늘로 던진 물체가 포물선 운동을 한다는 것과 행성과 별들의 이동 경로가 원뿔곡선 궤도라는 것이 밝혀졌습니다. 지구가 태양을 공전하는 궤도는 타원이고, 혜성은 쌍곡선을 그리며 우주 공간을 떠돌고 있습니다. 데카르트가 최초로 원뿔곡선들을 x, y에 대한 이차방정식으로 표현했지요. 그래서 원뿔곡선을 이차곡선이라고 합니다.

<원뿔곡선>

타원에 대해 알아보겠습니다. 타원은 다음과 같은 방법으로 그릴 수 있습니다.

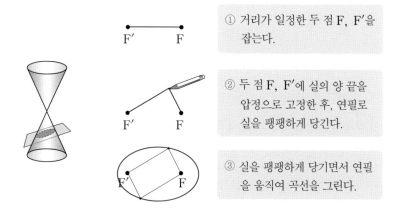

① 거리가 일정한 두 점 F, F′을 잡는다.

② 두 점 F, F′에 실의 양 끝을 압정으로 고정한 후, 연필로 실을 팽팽하게 당긴다.

③ 실을 팽팽하게 당기면서 연필을 움직여 곡선을 그린다.

눈금이 없는 자와 컴퍼스(유클리드 도구)만으로 도형을 그리는 것을 '작도'라고 합니다. 원뿔곡선들은 유클리드 도구만으로 작도를 할 수 없고 몇 개의 도구들을 더해야 그릴 수 있습니다. 타원 위의 모든 점은 두 개의 고정점(초점)으로부터 거리의 합이 일정합니다.

앞의 그림에서 핀으로 고정된 부분 F′, F를 타원의 초점이라고 합니다. 두 초점을 잇는 직선과 타원이 만나는 점을 A′, A라고 하고, 선분 A′A의 수직이등분선이 타원과 만나는 점을 B, B′라고 할 때, 네 점 A, A′, B, B′을 타원의 꼭짓점이라고 합니다. 또 선분 AA′을 장축, BB′을 단축이라고 하고, 장축과 단축이 만나는 점을 타원의 중심이라고 합니다. 다음 그림에서 타원과 관련된 용어들을 확인해보세요.

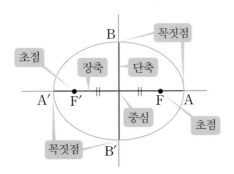

그렇다면 좌표평면에서 초점이 x축 위에 있는 타원의 방정식은 어떻게 구할까요? x축 위의 두 초점을 $F(c, 0)$, $F'(-c, 0)$이라고 하고, 두 초점으로부터의 거리의 합이 $2a$(단, $a > c$)로 일정한 타원의 방정식을 구해보겠습니다.

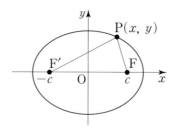

타원 위의 임의의 점을 $P(x, y)$라고 하면, $\overline{PF} + \overline{PF'} = 2a$이므로

$$\sqrt{(x-c)^2 + y^2} + \sqrt{(x+c)^2 + y^2} = 2a$$

$$\sqrt{(x-c)^2 + y^2} = 2a - \sqrt{(x+c)^2 + y^2}$$

입니다. 이 등식의 양변을 제곱해 정리하면,

$(a^2 - c^2)x^2 + a^2 y^2 = a^2(a^2 - c^2)$ 입니다. 이때 $a > c$이므로

$a^2 - c^2 = b^2$이라 하면 $b^2 x^2 + a^2 y^2 = a^2 b^2$이고, 이 식의 양변을 $a^2 b^2$로

나누면 타원의 방정식을 얻을 수 있습니다.

타원의 방정식 (1)

두 초점 $F(c, 0)$, $F'(-c, 0)$으로부터 거리의 합이 $2a$인 타원
의 방정식

$$\frac{x^2}{a^2} + \frac{y^2}{b^2} = 1 \quad (단, \ a > c > 0, \ b^2 = a^2 - c^2)$$

타원 $\dfrac{x^2}{a^2} + \dfrac{y^2}{b^2} = 1(a > b)$에서 꼭짓점의 좌표는 $(a, 0)$, $(-a, 0)$,

$(0, b)$, $(0, -b)$입니다. 따라서 장축의 길이는 $2a$, 단축의 길이는

$2b$이고, 두 초점의 좌표를 $F(c, 0)$, $F'(-c, 0)$이라고 하면, 다음

그림과 같이 a, b, c 사이에는 피타고라스의 정리가 성립합니다.
즉 $a^2=b^2+c^2$입니다. 참고로 타원의 방정식에서 장축의 길이와
단축의 길이가 같을 경우, 즉 $a=b$인 경우가 원입니다. 따라서 원은
아주 특별한 형태의 타원입니다.

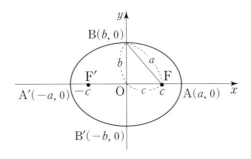

문제 타원 $\dfrac{x^2}{25}+\dfrac{y^2}{9}=1$의 장축의 길이, 단축의 길이, 초점의 좌표를
구하고 그래프를 그리세요.

풀이 $a^2=25$, $b^2=9$이므로 $a=5$, $b=3$이고 $a^2=b^2+c^2$의 관계식에
서 $c=4$입니다. 따라서 장축의 길이는 $2a=10$, 단축의 길이는
$2b=6$, 초점의 좌표는 $(4, 0)$, $(-4, 0)$이고, 그래프는 다음
그림과 같습니다.

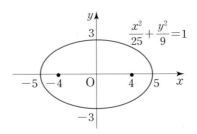

참고로 초점이 x축이 아닌, y축 위에 있는 타원은 위아래로 볼록한 모양이 되며 타원의 방정식에서 a값보다 b값이 큰 형태로 나타납니다.

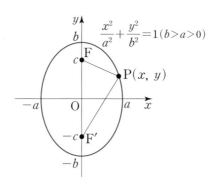

타원의 방정식 (2)

두 초점 $F(0, c)$, $F'(0, -c)$으로부터 거리의 합이 $2b$인 타원의 방정식

$$\frac{x^2}{a^2}+\frac{y^2}{b^2}=1 \quad (단, \ b>c>0, \ a^2=b^2-c^2)$$

수학 교과서에서 한 걸음 더 나아가기

케플러의 법칙

독일의 천문학자였던 요하네스 케플러Johannes Kepler(1571~1630)는

스승인 티코 브라헤Tycho Brahe(1546~1601)가 남긴 방대한 천체 관측 자료를 분석하면서 천체들의 등속원운동(속도가 같은 원운동)으로는 티코 브라헤의 정밀한 관측 결과를 해석할 수 없다는 것을 깨닫게 됩니다. 만일 공전 궤도가 원이라면 어느 곳에서라도 속도가 일정해야 하기 때문입니다. 그는 원 대신에 원뿔곡선에서 해답을 찾게 됩니다. 그리고 결국 행성의 공전 궤도는 원형이 아닌 태양을 하나의 초점으로 하는 타원이며, 태양과의 거리에 따라서 행성의 운동 속도가 달라진다는 케플러의 법칙을 발표하게 됩니다. 데카르트가 《방법서설》을 통해 좌표의 개념을 세상에 내놓기 약 30년 전인 17세기 초반이었습니다.

케플러의 제1법칙과 제2법칙은 각각 '타원 궤도의 법칙'과 '면적 속도 일정의 법칙'입니다. '타원 궤도의 법칙'은 행성의 공전 궤도가 타원임을 말해주고 있으며, '면적 속도 일정의 법칙'은 '태양과 태양 둘레를 도는 행성을 연결하는 가상선은 동일한 시간에 동일한 면적을 휩쓸고 지나간다'는 법칙입니다. 즉 태양에 가까울수록 공전 속도가 빠르고, 멀수록 느리다는 것이지요. 참고로 지구는 1월에 근일점, 7월에 원일점에 도달하므로, 1월에 태양 주위를 더 빠르게 공전합니다. 24절기 또한 이러한 이유로 1월경이 7월경보다 절기 간 간격이 짧습니다.

케플러의 두 법칙을 도식화하면 아래와 같습니다. 행성의 공전 궤도가 타원이며, $S_1 = S_2 = S_3$입니다.

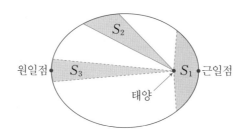

　케플러의 법칙이 발표된 후 얼마 지나지 않아 데카르트는 타원의 방정식을 구했으며, 좌표평면에 그래프를 그려가면서 타원의 성질을 연구했습니다. 그 이후에 위대한 뉴턴이 발견한 미적분에 의해 타원 궤도를 쓸고 가는 넓이 S_1, S_2, S_3를 정확히 구할 수 있었습니다. 물론 넓이를 구하기 위해서는 조금 복잡한 삼각함수의 미적분법을 이용해야 합니다. 티코 브라헤가 남겨준 관측 자료를 통해 케플러가 경험적으로 분석한 내용을 뉴턴이 미적분을 이용해 완벽하게 계산한 것이지요. 뉴턴은 케플러의 법칙이 옳다는 것을 증명한 후 본인이 발견한 미적분에 더욱 확신을 갖게 되었습니다.

타원의 넓이를 구하는 방법

타원은 반지름이 두 개라고 생각할 수 있습니다. 다음의 오른쪽 그림은 원과 타원을 같이 그려놓은 것입니다.

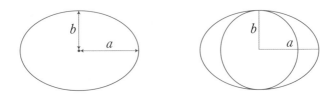

타원의 방정식 $\dfrac{x^2}{a^2}+\dfrac{y^2}{b^2}=1$에서 만일 $a=b$일 경우 원이 됩니다. 원은 타원의 가장 특별한 형태입니다. 원의 넓이는 반지름의 제곱에 원주율을 곱해($S=\pi r^2$) 구할 수 있습니다. 타원의 넓이는 긴 반지름과 짧은 반지름 a, b와 원주율을 곱해($S=\pi ab$) 구합니다. 타원의 넓이를 구하는 공식의 원리를 간단하게 알아보겠습니다. 긴 반지름이 a이고 짧은 반지름이 b인 타원의 방정식 $\dfrac{x^2}{a^2}+\dfrac{y^2}{b^2}=1$을 y에 대해 정리하면,

$$y=\pm\sqrt{b^2\left(1-\dfrac{x^2}{a^2}\right)}=\pm\dfrac{b}{a}\sqrt{a^2-x^2}$$

한편, $y=\pm\sqrt{a^2-x^2}$ 는 반지름이 a인 원의 방정식 $x^2+y^2=a^2$이고 반지름이 a인 원의 넓이는 $a^2\pi$이므로 타원의 넓이는 $\dfrac{b}{a}\times$(원의 넓이)$=ab\pi$입니다.

수학 문제 해결

문제　고대 그리스 수학자 아폴로니우스는 고정된 두 점 A와 B에서 거리의 비가 일정한 점 P가 그리는 도형이 원이라는 것을 증명했습니다. 고정된 두 점 A와 B의 거리가 6이고 $\dfrac{\overline{AP}}{\overline{BP}}=3$일 때, 점 P가 그리는 원의 반지름을 구하세요.

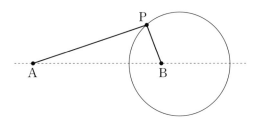

풀이　고정된 두 점의 좌표를 A$(-3,\,0)$, B$(3,\,0)$, 점 P의 좌표를 P$(x,\,y)$이라고 하면,

$\overline{AP}=\sqrt{(x+3)^2+y^2}$

$\overline{BP}=\sqrt{(x-3)^2+y^2}$

$\dfrac{\overline{AP}}{\overline{BP}}=3$이므로, $\dfrac{\overline{AP}}{\overline{BP}}=\dfrac{\sqrt{(x+3)^2+y^2}}{\sqrt{(x-3)^2+y^2}}=3$

$3\sqrt{(x-3)^2+y^2}=\sqrt{(x+3)^2+y^2}$

양변을 제곱하면, $9\{(x-3)^2+y^2\}=(x+3)^2+y^2$

이 식을 정리하면, $8x^2+8y^2-60x+72=0$

$x^2+y^2-\dfrac{15}{2}x+9=0$

따라서 점 P가 그리는 원은 $\left(x-\dfrac{15}{4}\right)^2+y^2=\left(\dfrac{9}{4}\right)^2$이며, 원의 반지름은 $\dfrac{9}{4}$입니다.

아폴로니우스가 활동하던 고대 그리스 시대에는 좌표와 방정식의 개념이 없었습니다. 아마도 이 문제를 아폴로니우스의 방식으로 풀었다면 훨씬 어려웠을 것입니다. 우리는 좌표와 방정식 개념을 이용하는 해석기하학을 통해 도형 문제를 더 쉽게 해결할 수 있습니다.

> **수학 발견술 1**　　　　**좌표와 방정식을 이용해 도형 문제를 해결하라.**

문제　원점을 중심으로 하는 타원의 방정식 $\dfrac{x^2}{a^2}+\dfrac{y^2}{b^2}=1\,(a>b)$에서 두 초점의 좌표를 $(-c,\,0),\,(c,\,0)$이라고 할 때 $a,\,b,\,c$ 사이의 관계식을 구하세요.

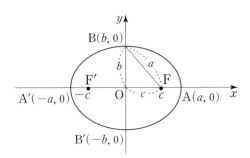

풀이　장축과 x축이 만나는 두 점을 각각 A′, A, 단축과 y축이 만나는 두 점을 각각 B′, B라고 하면, 타원의 정의에 의해

52

$\overline{BF'}+\overline{BF}=2a$, $\overline{BF'}=\overline{BF}$이므로, $\overline{BF}=a$입니다.

따라서 a, b, c는 직각삼각형의 세 변(a가 빗변의 길이)이 되며, $a^2=b^2+c^2$입니다. 이 조건을 만족시킬 때 비로소 정확한 타원이 그려집니다. 한편 타원의 방정식에서 $a=b$이면, $c=0$이 되며, 타원은 매우 특수한 형태의 도형인 원이 됩니다. 원의 경우는 초점이 단 하나 있으며, 그 점이 원의 중심이 됩니다.

수학 발견술 2	도형이 어떻게 정의되었는지 기억하라.

수학 감성

고대 그리스 시대부터 알려진 원뿔곡선은 아랍의 수학자들과 근대의 데카르트를 거치면서 대수적으로 연구되었습니다. 현재 고등학교에서는 원뿔곡선을 이차곡선이라는 용어로 배웁니다. 원뿔곡선을 방정식으로 나타내면 이차식이 되기 때문이지요.

17세기 초반, 케플러는 스승인 티코 브라헤의 관측 결과를 바탕으로 행성의 궤도가 타원이라는 것을 알아냈고, 몇 가지 행성의 운동법칙을 발표했습니다. 물론 경험과 기초적인 수학적 계산에 의한 예측이었습니다. 이후 뉴턴이 케플러의 예측을 미적분 아이디어를 활용해 정확히 증명해냈죠. 뉴턴은 본인이 개발한 미적분학을 더욱 발전시켜 연구할 수 있었고, 현대의 수학자들이 해석학이라는 수학의 한 분야를 정립하는데 큰 도움을 주었습니다.

고대 그리스 수학을 이어 받은 이어달리기를 살펴봤습니다. 수학의 긴 전통은 이처럼 여러 세대에 연결되면서 고도로 발전했습니다. 아직도 수학 이어달리기는 계속되고 있습니다. 여러분들이 지금 쓰고 있는 역사의 점들도 언젠가는 또 다른 점들과 아름다운 선으로 연결될 것입니다.

삼차방정식

새 시대를 향하는 열차로 갈아타라

모든 사람은 세상을 바꾸려고 할 뿐 스스로를 바꾸려 하지 않는다.
— 레프 톨스토이

들어가기

주어진 정육면체의 부피를 정확히 2배로 늘리는 수학 문제를 생각해보겠습니다. 이 문제는 고대 그리스 시대부터 제기되어온 기하학의 오래된 문제 중 하나입니다.

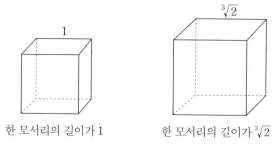

한 모서리의 길이가 1   한 모서리의 길이가 $\sqrt[3]{2}$

단위 큐브의 부피 2배로 늘리기

고대 그리스 수학자들은 유클리드 도구(눈금이 없는 자와 컴퍼스)로 작도를 시도했으나 성공하지 못합니다. 이 문제를 풀려면 부피가 2배가 되는 정육면체의 한 모서리의 길이를 작도해야 하는데, 이 길이를 작도할 수 없었던 것이죠. 2000여 년이 흐른 19세기가 되어서야 결국 작도가 불가능하다는 사실이 수학적으로 증명되었습니다.

현대적인 의미로 식을 세워보겠습니다. 가로, 세로, 높이의 길이가 1인 정육면체를 가정해보겠습니다. 정육면체의 부피는 1입니다. 이 정육면체 부피의 2배가 되는 정육면체의 부피는 2가 되겠네요. 이제 다음의 방정식을 만족시키는 x값이 한 모서리의 길이가 됩니다.

$$x^3 = 2$$
$$x = \sqrt[3]{2}$$

$\sqrt[3]{2}$는 세제곱을 해서 2가 되는 수($1.12599 \cdots$)로 무리수입니다. 19세기에 세제곱근의 수는 작도가 불가능하다는 것이 밝혀졌으며, 위의 문제는 작도 불가능 문제가 되었습니다.

여기서 예로 든 작도 불가능 문제는 삼차방정식의 해와 관련된 복잡한 문제였습니다. 고대 바빌로니아에서 이미 완벽히 풀렸던 이차방정식과 달리 삼차방정식은 일반적인 해를 구하기가 매우 어려웠습니다.

고대 그리스 시대, 중세 시대를 거치면서 많은 수학자들이 삼차방정식의 일반해를 얻기 위해 노력했지만, 도형을 이용한 기하학적 해를 구하는 데 성공했을 뿐입니다. 비로소 16세기 초에 이르러서야 스키피오네 델 페로Scipone del Ferro(1465~1526), 지롤라모 카르다노Girolamo Cardano(1501~1576), 니콜로 타르탈리아Niccolo Tartaglia(1499~1557) 등의 이탈리아의 수학자들에 의하여 대수적 해법이 밝혀지게 되었죠.

르네상스의 중심지였던 이탈리아에서 고대 그리스인들이 그토록 바라던 삼차방정식의 근의 공식이 나온 것입니다. 이후 대수방정식에 대한 많은 연구가 이루어지고 오차방정식의 근의 공식은 없다는 것이 증명되는 과정에서 대수학이 크게 발전했습니다. 그래서 많은 수학자들이 삼차방정식의 해법의 발견을 근대 수학의 출발점이라고 생각합니다.

삼차방정식의 근의 공식은 매우 복잡하기 때문에 고등학교에서 다루지는 않습니다. 다만 인수분해가 간단히 되는 형태의 삼차방정식만을 공부합니다. 몇 가지 예를 통해 살펴보고, 더 나아가 모든 대수방정식의 근은 복소수 범위에 존재한다는 대수학의 기본 정리를 알아보겠습니다.

중세 시대 아랍의 수학자 오마르 하이얌Omar Khayyam(1048~1131)은 원뿔곡선을 조합해 모든 종류의 삼차방정식을 푸는 방법을 제시했는데요. 한 가지 예를 소개하겠습니다.

수학 교과서로 배우는 최소한의 수학 지식

기본적인 인수분해를 활용해 삼차방정식의 세 근을 구하는 방법을
다음의 예들을 통해 알아보겠습니다.

문제 $x^3-8=0$의 해를 구하세요.

풀이 $x^3-8=(x-2)(x^2+2x+4)=0$이므로,

$x-2=0$ 또는 $x^2+2x+4=0$입니다.

따라서 해는 $x=2$ 또는 $x=-1\pm\sqrt{3}i$

문제 $a\neq1$일 때, $(a-1)x^3+(6-6a)x^2+(9a-9)x=0$의 해를
구하세요.

풀이 $(a-1)x^3+(6-6a)x^2+(9a-9)x$

$=x\{(a-1)x^2+(6-6a)x+(9a-9)\}$

$=x(a-1)(x^2-6x+9)$

$=(a-1)x(x-3)^2=0$

그런데, $a\neq1$이므로 해는 $x=0$ 또는 $x=3$(중근)

문제 $x^3-2x^2-5x+6=0$의 해를 구하세요.

풀이 삼차식을 인수분해하면, $(x-1)(x+2)(x-3)=0$입니다.

따라서 해는 $x=1$ 또는 $x=-2$ 또는 $x=3$입니다.

참고로 $x=1$을 대입하면 방정식이 성립하므로, $x-1$이 삼차식의 인수가 됩니다. 한편, $x=-2$, $x=3$을 대입해도 방정식이 성립하므로 $x+2$, $x-3$도 각각 인수가 됩니다.

수학 교과서에서 한 걸음 더 나아가기

대수학의 기본정리

자연수에서부터 출발해 복소수까지 수의 범위가 커졌습니다. 그런데 복소수보다 큰 범위의 수가 무엇일까요? 과연 수를 계속 확장할 수 있을까요?

복잡한 방정식의 해를 찾기 위해 할 수 있는 일은 수를 확장하는 것이었습니다. 그렇다면, 복소수 범위에서 해가 없는 더 복잡한 방정식이 있을까요? 결론부터 말씀드리면 없습니다. 모든 대수방정식은 복소수 범위에서 반드시 근이 있습니다. 방정식을 풀기 위해 복소수보다 더 큰 범위의 수가 필요 없다는 것이죠.

"모든 대수방정식은 복소수 범위 내에서 반드시 한 개의 근이 존재한다"는 것이 수학에서 아주 유명한 대수학의 기본정리입니다. 예를 들어보겠습니다.

$\sqrt{7}x^5 + 0.2x^4 + 5x^3 - \sqrt{3}x^2 + x + 2 = 0$의 근은 반드시 복소수

라는 것입니다. 심지어 계수가 복소수일 때도 마찬가지입니다. 물론 근을 구할 수 있는 방법을 논하는 것과는 무관합니다. 복소수 근의 존재성만을 보장하는 것이죠.

독일의 위대한 수학자 가우스의 박사학위 논문에 대수학의 기본 정리가 나옵니다. 증명의 과정은 복잡하지만 결과만 놓고 보면 신기합니다.

예를 들어 10차방정식을 생각해보겠습니다. 복소수 범위 내에서 무조건 한 개의 근이 있습니다. 이 근을 k_1이라고 해보죠. 물론 k_1은 복소수입니다. 이제, 처음의 10차방정식은 $(x-k_1)(9$차식$)=0$ 으로 나타낼 수 있습니다.

이제 9차식에 주목해보겠습니다. 마찬가지로 근이 있겠죠. k_2라고 해보죠. 처음의 10차방정식은 $(x-k_1)(x-k_2)(8$차식$)=0$이 됩니다. 위와 같은 절차를 반복하면, 10차방정식은 $(x-k_1)(x-k_2) \cdots (x-k_{10})=0$이 되며, 동시에 10개의 복소수 근 $k_1, k_2, \cdots, k_{10}$을 얻을 수 있습니다.

즉 대수학의 기본정리는, n차방정식은 (중근을 따로 센다면) 반드시 n개의 복소수 근을 갖는다는 의미와 같습니다. 이 정리에 의하면 삼차방정식은 반드시 세 개의 복소수 근이 있습니다.

삼차방정식의 해법이 알려진 후 곧바로 사차방정식의 근의 공식도 밝혀집니다. 수학자들은 더 나아가 5차 이상 방정식의 대수적 해법을 찾기 위해 노력했습니다.

당대의 최고의 수학자들인 레온하르트 오일러Leonhard Euler(1707~

1783), 조제프루이 라그랑주Joseph-Louis Lagrange(1736~1813)와 같은 수학자들이 계수들의 사칙연산과 근호의 조작을 통한 일반적인 해법을 구하는 시도를 했습니다. 하지만, 19세기에 닐스 헨리크 아벨Niels Henrik Abel(1802~1829)과 에바리스트 갈루아Éariste Galois(1811~1832)가 5차 이상의 방정식은 일반적인 대수적 해법이 존재하지 않는다는 것을 증명하게 됩니다.

5차 이상의 방정식은 반드시 그 차수만큼의 복소수의 해를 갖습니다. 대수학의 기본정리에 의해 해의 존재성은 보장됩니다. 하지만, 계수들을 이용한 일반적인 수식으로 근을 표현할 수 있는 방법이 없다는 것이지요. 존재는 하지만 표현이 불가능한 겁니다.

삼차방정식의 근의 공식

방정식의 근의 공식은 계수들의 사칙연산과 거듭제곱근이 표현되어 있는 식입니다. 다음에 삼차방정식의 근의 공식이 나와 있습니다. 계수인 a, b, c, d의 연산들과 세제곱근으로 이루어져 있는 복잡한 식입니다.

$ax^3+bx^2+cx+d=0\,(a\neq0)$에 대하여 x는

$$x_1=\frac{\sqrt[3]{-2b^3+9abc-27a^2d+\sqrt{4(-b^2+3ac)^3+(-2b^2+9abc-27a^2d)^2}}}{3\sqrt[3]{2}a}$$

$$-\frac{\sqrt[3]{2}(-b^2+3ac)}{3a\sqrt[3]{-2b^3+9abc-27a^2d+\sqrt{4(-b^2+3ac)^3+(-2b^2+9abc-27a^2d)^2}}}-\frac{b}{3a}$$

$$x_2=\frac{(1-\sqrt{3}i)\sqrt[3]{-2b^3-9abc-27a^2d+\sqrt{4(-b^2+3ac)^3+(-2b^2+9abc-27a^2d)^2}}}{3\sqrt[3]{2}a}$$

$$-\frac{(1+\sqrt{3}i)(-b^2+3ac)}{3\sqrt[3]{4}a\sqrt[3]{-2b^3+9abc-27a^2d+\sqrt{4(-b^2+3ac)^3+(-2b^3+9abc-27a^2d)^2}}}-\frac{b}{3a}$$

$$x_3=\frac{(1+\sqrt{3}i)\sqrt[3]{-2b^3+9abc-27a^2d+\sqrt{4(-b^2+3ac)^3+(-2b^2+9abc-27a^2d)^2}}}{3\sqrt[3]{2}a}$$

$$-\frac{(1-\sqrt{3}i)(-b^2+3ac)}{3\sqrt[3]{4}a\sqrt[3]{-2b^3+9abc-27a^2d+\sqrt{4(-b^2+3ac)^3+(-2b^3+9abc-27a^2d)^2}}}-\frac{b}{3a}$$

지금은 음수와 허수의 개념이 익숙하기 때문에 삼차방정식의 근의 공식이 위의 식처럼 잘 표현되지만, 16세기에는 허수는커녕 음수조차도 수로 받아들이는 것을 꺼렸습니다. 여전히 많은 수학자들이 음수의 제곱근이라는 전혀 이해할 수 없는 수인 허수를 인정하지 않았었죠.

하지만 카르다노 등의 수학자들은 음수의 제곱근을 실수처럼 취급해 연산에 포함시키고 삼차방정식의 해를 기술했습니다. 이 때문에 수학자들은 허수의 존재를 자연스럽게 받아들이게 되었으며, 방정식의 실근과 허근의 개념도 서서히 자리 잡히기 시작했습니다.

오마르 하이얌의 기하학적 해

삼차방정식의 일반해를 얻기 위한 긴 여행은 고대 그리스에서 출발 했습니다. 고대 그리스인은 성공하지 못했습니다. 이후 유럽은 중세시대라는 긴 암흑기를 거치게 되는데, 이 시기 아랍 지역에서는 고대 그리스 수학의 업적들이 새로운 모습으로 재탄생했습니다.

특히 오마르 하이얌은 도형의 교점을 이용해 모든 삼차방정식을 해결하는 놀라운 방법을 제시했습니다. 삼차방정식의 일반적인 기하학적 해법이라고 할 수 있겠습니다.

가장 간단한 형태의 삼차방정식의 해가 도형의 조합으로 어떻게 표현되는지 살펴보겠습니다.

원과 포물선의 교점으로 표시되는 삼차방정식의 해

오마르 하이얌이 살던 시대에는 문자는 물론이고 음수의 개념도 없었습니다. 이 때문에 현대적으로 $x^3+ax^2+bx+c=0$과 같이 표현되는 삼차방정식을 여러 가지 형태로 나누어 기술해야 했습니다. 왜냐하면 음수인 계수들을 피해야 했기 때문입니다.

예를 들어 $x^3+bx=c$(b, c는 양수)는 $x^3=bx+c$(b, c는 양수)와는 다른 종류의 삼차방정식이었죠. 오마르 하이얌은 모든 삼차방정식의 기하학적 해를 다음의 표와 같이 제시했습니다.

순	삼차방정식	원뿔곡선의 조합
1	$x^3 + bx = c$	포물선과 원의 교점
2	$x^3 + c = bx$	포물선과 쌍곡선의 교점
3	$x^3 = bx + c$	포물선과 쌍곡선의 교점
4	$x^3 + ax^2 = c$	포물선과 쌍곡선의 교점
5	$x^3 + c = ax^2$	포물선과 쌍곡선의 교점
6	$x^3 = ax^2 + c$	포물선과 쌍곡선의 교점
7	$x^3 + ax^2 + bx = c$	쌍곡선과 원의 교점
8	$x^3 + bx + c = ax^2$	쌍곡선과 원의 교점
9	$x^3 + bx = ax^2 + c$	쌍곡선과 원의 교점
10	$x^3 = ax^2 + bx + c$	쌍곡선과 쌍곡선의 교점
11	$x^3 + ax^2 = bx + c$	쌍곡선과 쌍곡선의 교점
12	$x^3 + ax^2 + c = bx$	쌍곡선과 쌍곡선의 교점
13	$x^3 + c = ax^2 + bx$	쌍곡선과 쌍곡선의 교점

여기서는 $x^3 + bx = c$(b, c는 양수) 꼴의 경우만 살펴보겠습니다.

$x^3 + bx = c$를 도형을 이용해 풀기 위해서는 원과 포물선(이차함수 그래프)이 필요합니다.

원 $\left(x - \dfrac{c}{2b}\right)^2 + y^2 = \left(\dfrac{c}{2b}\right)^2$과 포물선의 방정식 $y = \dfrac{x^2}{\sqrt{b}}$을 연립하면, 사차방정식 $x^4 + bx^2 = cx$을 얻을 수 있습니다. 즉 두 도형의 교점이 $x^4 + bx^2 = cx$의 근이라는 것이죠. $x = 0$이 해가 되네요. 교점에 원점이 포함되어 있습니다.

양변을 x로 나누게 되면 드디어 우리가 원하는 삼차방정식 $x^3+bx=c$이 됩니다. 여기서 나머지 하나의 교점 I의 x좌표, 즉 $\overline{QS}$의 길이가 삼차방정식의 하나의 실근입니다.

대수학의 기본정리에 따르면 삼차방정식은 복소수 범위에서 세 개의 근이 있지요. 나머지 두 개의 근은 도형의 교점으로 나타나지 않는 허근이 되겠군요.

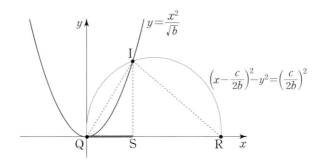

당시의 제한적인 표기법을 가지고 삼차방정식의 해를 구하기 위해 원과 포물선을 생각하기란 쉽지 않았을 것입니다. 우리는 현대적인 수식과 계산법을 활용할 수 있음에도 주어진 삼차방정식만으로 원과 포물선을 찾기가 어렵습니다.

오마르 하이얌의 놀라운 발견을 놓고 현대 수학자들도 감탄하고 있습니다. 다른 수학자들과 마찬가지로 오마르 하이얌도 발견의 비밀을 자세히 기록해두지 않았기 때문에 우리는 그가 저술한 책의 행간을 통해 놀라운 수학적 발견에 이르게 된 과정을 짐작할 수밖에 없답니다.

수학 문제 해결

문제 삼차방정식 $x^3+ax^2-x-2=0$의 한 근이 -2일 때 나머지 두 근을 구하세요.

풀이 $x^3+ax^2-x-2=0$의 한 근이 -2이므로 방정식의 x에 -2를 대입해서 먼저 a값을 구해야 합니다. $a=2$입니다. 이제 좌변을 인수분해하고 삼차방정식을 풀면,

$$x^3+2x^2-x-2=(x+2)(x^2-1)$$
$$=(x+2)(x+1)(x-1)$$
$$=0$$

이므로 나머지 두 근은 $x=1, -1$입니다.

대부분의 수학 문제는 여러 개의 의미 단락으로 나뉘어 있습니다. 우리는 문제를 풀 때 이 단락별로 끊어서 풀어야 합니다. 여기서는 a값을 구하는 것이 하나의 의미 단락이 되겠군요. 일단 중간 지점까지 가야 합니다. 마치 등산을 할 때, 중간지점에 체크포인트가 있는 것과 마찬가지입니다. 체크포인트 몇 군데를 지나면 결국 정상에 오르게 됩니다.

수학 발견술 1	의미 단락별로 끊어서 풀어라.

문제 삼차방정식 $x^3-5x^2+8x-6=0$의 세 개의 근을 모두 구하세요.

풀이 삼차방정식은 삼차항의 계수로 양변을 나눠주면, 언제나 $x^3+ax^2+bx+c=0$의 꼴로 나타낼 수 있습니다. 또한 삼차식 x^3+ax^2+bx+c는 반드시 $(x+k)(x^2+mx+n)$(단, k는 실수)로 인수분해가 된다는 것이 알려져 있습니다. 즉 삼차방정식은 언제나 실근이 한 개는 존재합니다.

뒤에 있는 식 x^2+mx+n의 판별식에 따라 삼차방정식은 세 개의 실근 혹은, 한 개의 실근과 두 개의 허근을 갖게 됩니다. 만일 k가 정수라면, $kn=c$이므로 당연히 k는 상수항 c의 약수이겠지요. 따라서 삼차방정식에서 정수해를 찾기 위해선 상수항의 약수만을 대입해보면 됩니다. 물론 음의 부호도 포함해서요. 상수항의 약수를 대입해서 0이 되는 경우를 찾는 전략은 시간 절약에 큰 도움이 됩니다. 미리 예상하고 확인하는 것이죠.

이 문제에서 상수항이 -6이므로, 주어진 삼차방정식에 ±1, ±2, ±3, ±6을 대입해보는 것으로 충분합니다. 3을 대입해보면, 0이 됩니다. 따라서 좌변은 $(x-3)Q(x)$로 인수분해가 됩니다. 이제 이차식 $Q(x)$만 찾으면 되는 것이죠. 이차항의 계수는 1이며, 이차항의 상수항은 2가 될 겁니다. $x^3-5x^2+8x-6=(x-3)(x^2+px+2)$이며, p의 값은 -2가 된다는 것을 쉽게 확인할 수 있으므로, 주어진 삼차방정식은 $(x-3)(x^2-2x+2)=0$입니다. 한 개의 실근 $x=3$과 두 개의 허근 $1+i$, $1-i$이 삼차방정식의 해가 됩니다.

위 문제의 해결 과정에서 중요한 부분은 상수항의 약수를 x에 대입해보는 것입니다. 답을 어떤 근거에 의해 예상하고 그 결과를 확인하는 전략입니다.

여기서 하는 예상은 때론 우리의 직관에 의존하기도 하며, 이성적이고 합리적인 판단에 의존하기도 합니다. 다음과 같은 예를 살펴보겠습니다.

둘레의 길이가 주어진 사각형 가운데 넓이가 가장 큰 사각형을 구하라.

위의 문제에 대해서 아마도 정사각형이 답이 될 것이라고 직관적으로 예상할 수 있습니다. 이러한 판단이 반드시 옳은 것은 아니지만, 설령 잘못되었다고 하더라도 의미가 있습니다.

반면 우리가 이미 풀어본 문제에서 정수해를 구하기 위해 상수항의 약수만을 대입했던 것은 어떤 합리적인 근거를 토대로 예상을 하고 확인하는 과정이었죠.

임의로 수를 대입해보는 것과는 분명히 수준의 차이가 있어 보입니다. 수학 문제를 풀면서 아마도 우리가 가장 많이 사용하는 전략이라고도 할 수 있습니다.

수학 발견술 2	예상하고 확인하라.

수학 감성

변화와 발전

이번 장에서는 고대 그리스에서 출발해 중세시대와 르네상스를 거치면서 인류가 어떻게 삼차방정식을 정복했는지 살펴봤습니다.

우연인지는 모르겠지만, 고대 그리스 시대가 막을 내린 다음 융성한 문화를 꽃피웠던 이슬람에서 삼차방정식의 기하학적 해법이 나왔습니다. 삼차방정식의 완벽한 대수적 해법 역시 근대의 탄생이라는 큰 시대적 흐름과 함께 르네상스의 중심지였던 이탈리아에서 탄생했습니다.

긴 역사의 관점으로 봤을 때 수학의 발전은 늘 그랬습니다. 거칠고 산만해 보이는 수학적 사실들이 새로운 시대와 수학자를 만나 조금씩 세련되게 다듬어지는 것이죠.

초보 수준에 있던 많은 지식이 견고하게 발전하는 원리입니다. 마치 환승역에서 새 시대를 향하는 열차로 갈아타는 느낌이라고 할까요? 르네상스라는 환승역에 있던 이탈리아의 수학자들처럼 말이죠. 간단한 이 원리를 우리의 삶에 적용해볼 수 있습니다.

저는 매일 조깅을 합니다. 특별한 일이 없으면, 거의 매일 나갑니다. 주로 정해놓은 코스를 도는데, 한 바퀴가 10 km 정도 됩니다. 처음엔 힘들었습니다. 중간에 버스를 타고 돌아온 적도 몇 번 있습니다. 1시간 가량을 계속 뛴다는 게 쉽지만은 않습니다. 긴 코스지만, 일단은 중간 지점까지만 가자는 마음가짐으로 출발합니다. 중간 지점까지 가고, 그다음 지점까지 새로운 마음으로 다시 출발하는 것이죠. 이렇게 중간 지점들이 연결되면, 비로소 목표한 코스를 완주할 수 있습니다.

때로는 쉬고 싶기도 하지만, 완주한다는 것 그 자체로도 이미 그날의 목표를 완성하고 작은 성공을 한 것입니다. 그리고 더 나아가, 매일 하는 조깅은 저의 심신을 더 높은 수준으로 올려줄 것이라는 믿음이 있습니다.

수학이 발전한 긴 역사를 하루 1시간으로 경험할 수 있는 좋은 기회인데 놓칠 순 없겠죠?

불가능한 일에 대한 체념도 전략이다

어떤 일을 완성하기 위해선 아주 오랜 시간이 걸리기도 합니다. 《10일 수학 중등편》의 소인수분해 편에서 다룬 내용이기도 한데요. 두 개의 큰 자리 소수의 곱으로 이루어진 자연수를 아무런 정보 없이 소인수분해하는 일은 매우 어렵습니다. 암호를 만들 때 이 원리를 사용한다고 했습니다.

그런데, 수학에서는 발견하는 데 시간이 오래 걸리기는커녕, 아예 불가능한 일도 있습니다. 오차방정식부터는 근의 공식이 없습니다. 삼차방정식의 근의 공식이 밝혀진 후 수많은 수학자가 시도해 봤으나 전부 실패했죠.

한참의 시간이 흐른 뒤에 아벨과 갈루아라는 천재 수학자들이 우리가 알고 있는 사칙연산과 거듭제곱 기호만으로 근을 표현할 수 없다는 사실을 밝혀 수학자들의 모든 도전과 실패를 한 번에 다 정리했습니다.

오차방정식은 대수학의 기본정리로 인해 분명히 다섯 개의 근이 존재하지요. 하지만 그 근들을 일반적으로 구할 수 있는 방법은 지금까지도 없었으며, 앞으로도 없을 것입니다. 존재는 하지만 어떻게 구하고 표현해야 하는지 모르는 겁니다.

가끔 근의 공식을 발견하면 노벨상을 받을 수 있냐고 물어보는 학생들이 있습니다. 이미 발견할 수 없다는 것이 증명된 것입니다. 아무리 노력을 해도 발견할 수가 없습니다.

세상엔 불가능한 일이 분명히 있습니다. 유한하고 보잘것없는 인간의 한계 때문이기도 하지만 근본적으로 우리가 할 수 없는 일도 있습니다. 열심히 하는 노력과는 별개의 문제입니다. 불가능한 일에 도전하기보다는 가능한 일을 찾아보십시오. '하면 된다'는 식으로 밀어붙이기보다는 계획을 세워 내가 잘할 수 있는 일을 열심히 해보기 바랍니다.

4일차

유리함수와 무리함수

함수를 바꾸면 한계도 바뀐다

무릇 천명天命이란 항상 한 곳에 머무는 것이 아니다.
―《서경書經》 주서周書 강고편康誥篇

들어가기

중학교에서는 일차함수와 이차함수만을 배웠습니다. 고등학교에서는 삼차함수와 사차함수를 포함해 다양한 함수를 다룹니다. 그중 유리함수와 무리함수는 다항함수를 확장한 개념입니다. 여러분들에게 익숙한 유리함수인 반비례 함수를 예로 들어 보겠습니다.

$y = \dfrac{1}{x}$ 은 $y = x^{-1}$이지요. 다항함수의 경우는 x로 이루어진 각 항들의 차수가 자연수입니다(단 상수항은 차수가 0). 그런데, 반비례 함수는 -1차가 됩니다. 유리식은 다항식을 다항식으로 나눈 식입니다. 유리함수는 $y =$ (유리식)이므로 다항함수의 개념을 확장했다고 볼 수 있습니다.

무리함수는 어떨까요? $y =$ (무리식)으로 표현할 수 있습니다.

$y=\sqrt{x}$와 같은 함수가 무리함수입니다. 여기서 $\sqrt{x}=x^{\frac{1}{2}}$입니다(다음 강의에 나오는 거듭제곱근 개념을 참고하기 바랍니다). 무리식은 다항식의 차수를 유리수로 확장한 개념입니다. 다항함수를 확장한 유리함수와 무리함수는 식의 기본 형태와 그래프 그리는 원리를 정확히 알고 있으면 공부하기가 어렵지 않습니다. 어떻게 함수의 그래프를 그릴 수 있는지에 중점을 두고 오늘의 수업에 임해보시죠.

수학 교과서로 배우는 최소한의 수학 지식

유리식과 유리함수

중학교 과정에서 유리수는 두 정수 a, $b(b\neq0)$에 대하여 $\frac{a}{b}$의 꼴로 나타낼 수 있는 수라고 배웠습니다. 이와 유사하게 두 다항식 A, $B(B\neq0)$에 대하여 $\frac{A}{B}$의 꼴로 나타낸 식을 유리식이라고 합니다. 특히 B가 0이 아닌 상수이면, $\frac{A}{B}$는 다항식이 되기 때문에 다항식도 유리식입니다.

예를 들어 $\dfrac{1}{x}$, $\dfrac{x+2}{x+1}$, $\dfrac{1}{3x-1}$, $\dfrac{2x-1}{2}$ 은 모두 유리식이며,

이 중에서 $\dfrac{2x-1}{2}$ 은 다항식입니다.

함수 $y=f(x)$에서 $f(x)$가 x에 대한 유리식일 때, 이 함수를 유리함수라고 합니다. 특히 $f(x)$가 x에 대한 다항식일 때, 이 함수는 다항함수입니다.

예를 들어 함수 $y=\dfrac{1}{x}$, $y=\dfrac{x+2}{x+1}$, $y=\dfrac{1}{3x-1}$, $y=\dfrac{2x-1}{2}$ 은

모두 유리함수이고, 이 중에서 $y=\dfrac{2x-1}{2}$ 은 다항함수입니다.

다항함수의 정의역은 실수 전체 집합이지만, 유리함수의 경우 분모가 0이 되지 않도록 하는 실수 전체의 집합을 정의역으로 합니다.

[보기1]　유리함수 $y=\dfrac{3}{x}$의 정의역은 $\{x \,|\, x \neq 0$인 실수$\}$

　　　　유리함수 $y=\dfrac{x+2}{x+1}$의 정의역은 $\{x \,|\, x \neq -1$인 실수$\}$

[보기2]　함수 $f(x)=\dfrac{x^2-1}{x-1}$, $g(x)=x+1$일 때,

　　　　$f(x)$의 정의역은 $\{x \,|\, x \neq 1$인 실수$\}$이고,

　　　　$g(x)$의 정의역은 $\{x \,|\, x$는 실수$\}$입니다.

　　　　따라서 정의역이 다르므로 $f(x) \neq g(x)$입니다.

　　　　물론 $x \neq 1$이라면,

　　　　$f(x)$의 분자의 식 $x^2-1=(x+1)(x-1)$이므로

　　　　분모와 약분이 되어 $f(x)=x+1$이고

　　　　$f(x)=g(x)$입니다.

유리함수 $y=\dfrac{k}{x}(k\neq0)$의 그래프

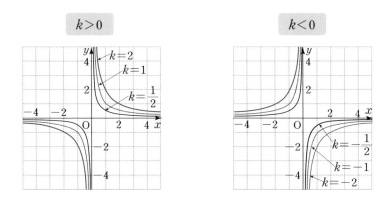

유리함수 $y=\dfrac{k}{x}(k\neq0)$의 정의역과 치역은 0을 제외한 실수 전체의 집합입니다. 우리가 반비례 관계로 익숙하게 알고 있는 함수이지요. 위의 그래프를 확인해봅시다.

x가 커지거나 작아질수록, 0에 가까워 질수록 그 그래프 위의 점이 점점 x축($y=0$)이나 y축($x=0$)에 가까워집니다. 이와 같이 그래프가 어떤 직선에 한없이 가까워질 때, 그 직선을 그래프의 점근선이라고 합니다. 즉 유리함수 $y=\dfrac{k}{x}(k\neq0)$의 그래프의 점근선은 x축($y=0$)과 y축($x=0$)입니다.

유리함수 $y=\dfrac{k}{x}(k\neq0)$의 그래프

① 이 함수의 정의역과 치역은 모두 0을 제외한 실수 전체의 집합이다.

② 그래프는 원점에 대하여 대칭이다.

③ $k>0$이면 그래프는 제1, 3사분면에 있고,
   $k<0$이면 그래프는 제2, 4사분면에 있다.

④ 그래프의 점근선은 x축과 y축이다.

유리함수 $y=\dfrac{k}{x-p}+q(k\neq0)$의 그래프

유리함수 $y=\dfrac{k}{x-p}+q(k\neq0)$의 그래프는 함수 $y=\dfrac{1}{x}$의 그래프를 x축 방향으로 p만큼, y축 방향으로 q만큼 평행이동한 것입니다.

이때 유리함수 $y=\dfrac{k}{x-p}+q$의 정의역은 p를 제외한 실수 전체의 집합이고, 치역은 q를 제외한 실수 전체의 집합입니다. 이 그래프의 점근선은 직선 $x=p$, $y=q$입니다.

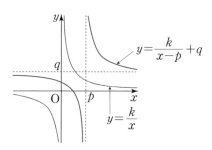

유리함수 $y=\dfrac{1}{x-1}+2$의 그래프는 함수 $y=\dfrac{1}{x}$의 그래프를 x축의 방향으로 1만큼, y축의 방향으로 2만큼 평행이동한 것으로, 점근선은 직선 $x=1$, $y=2$입니다.

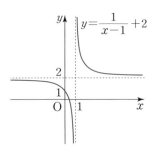

유리함수 $y = \dfrac{ax+b}{cx+d}$ $(ad-bc \neq 0,\ c \neq 0)$의 그래프

위와 같은 조건을 붙이는 이유는 $ad-bc=0$이면 $\dfrac{a}{c}=\dfrac{b}{d}$ 가 되어 $\dfrac{ax+b}{cx+d}$ 는 상수함수가 되며, $c=0$이면 다항함수가 되기 때문입니다. 일반적으로 유리함수 $y = \dfrac{ax+b}{cx+d}$ 의 그래프는 $y = \dfrac{k}{x-p} + q$의 꼴로 변형해 그립니다.

문제 유리함수 $y = \dfrac{-x-3}{x+1}$ 의 그래프를 그리고 점근선을 구하세요.

풀이 $y = \dfrac{-x-3}{x+1} = \dfrac{-(x+1)-2}{x+1} = -\dfrac{2}{x+1} - 1$이므로

유리함수 $y = \dfrac{-x-3}{x+1}$의 그래프는 함수 $y = -\dfrac{2}{x}$의 그래프를

x축 방향으로 -1만큼, y축 방향으로 -1만큼 평행이동한 것입니다. 따라서 구하는 그래프는 다음 그림과 같고 점근선의 방정식은 $x=-1$, $y=-1$입니다.

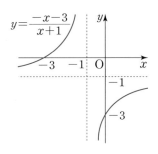

문제 유리함수 $y = \dfrac{2x-8}{x-3}$ 의 그래프를 그리고 점근선을 구하세요.

풀이 $y = \dfrac{2x-8}{x-3} = \dfrac{2(x-3)-2}{x-3} = -\dfrac{2}{x-3} + 2$ 이므로 유리함수

$y = \dfrac{2x-8}{x-3}$ 의 그래프는 함수 $y = -\dfrac{2}{x}$ 의 그래프를 x축 방향

으로 3만큼, y축 방향으로 2만큼 평행이동한 것입니다.

따라서 구하는 그래프는 다음 그림과 같고, 점근선의 방정식은

$x = 3$, $y = 2$입니다.

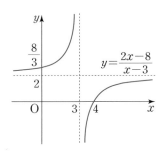

무리식과 무리함수

근호 안에 문자가 포함되어 있는 식 중에서 $\sqrt{x+1}$, $\sqrt{-x+5}$,

$\sqrt{2x-1}+2$와 같이 유리식으로 나타낼 수 없는 식을 무리식이라고 합니다. 함수 $y=f(x)$에서 $f(x)$가 x에 대한 무리식일 때, 이 함수를 무리함수라고 합니다.

예를 들어 함수 $y=\sqrt{x}$, $y=\sqrt{x-5}$, $y=\sqrt{5-2x}$은 모두 무리함수입니다. 무리함수에서 정의역이 주어지지 않을 때는 근호 안이 0 이상이 되게 하는 실수 전체의 집합을 정의역으로 합니다.

(예) 무리함수 $y=\sqrt{x-1}$의 정의역은

$x-1 \geq 0$에서 $\{x \,|\, x \geq 1\}$

무리함수 $y=\sqrt{9-3x}$의 정의역은

$9-3x \geq 0$에서 $\{x \,|\, x \leq 3\}$

무리함수 $y=\sqrt{ax}(a \neq 0)$, $y=-\sqrt{ax}(a \neq 0)$의 그래프

$a=1$인 경우 무리함수 $y=\sqrt{x}$의 그래프는 $y=\sqrt{x}$를 만족시키는 x, y의 순서쌍을 찾아 그릴 수 있습니다. $y=x$의 그래프와 비교해 완만하게 증가하는 곡선입니다. a값의 부호에 따라 $y=\sqrt{ax}$의 정의역이 결정되며 다음과 같은 두 가지 형태의 그래프를 그릴 수 있습니다.

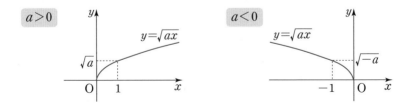

함수 $y=f(x)$의 그래프와 $y=-f(x)$의 그래프는 x축에 대해 대칭이지요. 따라서 함수 $y=-\sqrt{ax}\,(a\neq0)$의 그래프는 무리함수 $y=\sqrt{ax}$의 그래프와 x축에 대해 대칭이며, a값의 부호에 따라 다음과 같은 곡선이 됩니다.

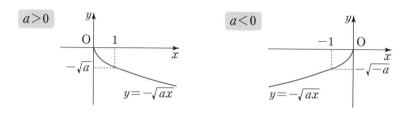

컴퓨터 프로그램을 사용해 a값에 따른 무리함수 $y=\sqrt{ax}$와 $y=-\sqrt{ax}$의 그래프를 그리면 다음과 같은 곡선이 됩니다.

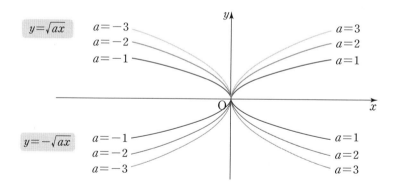

무리함수 $y=\sqrt{ax}\,(a\neq0)$의 그래프

1. $a>0$이면 이 함수의 정의역은 $\{x\,|\,x\geq0\}$, 치역은 $\{y\,|\,y\geq0\}$

$a<0$이면 이 함수의 정의역은 $\{x\,|\,x\leq0\}$, 치역은 $\{y\,|\,y\geq0\}$

2. $a>0$이면 그래프는 원점을 지나며 제1사분면에 있고,
$a<0$이면 그래프는 원점을 지나며 제2사분면에 있다.

무리함수 $y=-\sqrt{ax}(a\neq0)$의 그래프

1. $a>0$이면 이 함수의 정의역은 $\{x\,|\,x\geq0\}$, 치역은 $\{y\,|\,y\leq0\}$
$a<0$이면 이 함수의 정의역은 $\{x\,|\,x\leq0\}$, 치역은 $\{y\,|\,y\leq0\}$
2. $a>0$이면 그래프는 원점을 지나며 제4사분면에 있고,
$a<0$이면 그래프는 원점을 지나며 제3사분면에 있다.

무리함수 $y=\sqrt{a(x-p)}+q(a\neq0)$의 그래프

무리함수 $y=\sqrt{a(x-p)}+q$의 그래프는 함수 $y=\sqrt{ax}$의 그래프를 x축 방향으로 p만큼, y축 방향으로 q만큼 평행이동한 것입니다.

$y=\sqrt{a(x-p)}+q$의 정의역은 $a>0$이면, $\{x\,|\,x\geq p\}$이고, $a<0$
이면, $\{x\,|\,x\leq p\}$입니다. 치역은 모두 $\{y\,|\,y\geq q\}$입니다.

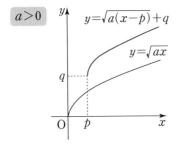
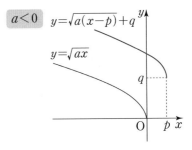

$y=\sqrt{2(x-3)}+2$의 그래프는 $y=\sqrt{2x}$의 그래프를 x축 방향으로 3만큼, y축 방향으로 2만큼 평행이동한 곡선입니다. 정의역은 $\{x\,|\,x\geq3\}$이고 치역은 $\{y\,|\,y\geq2\}$입니다.

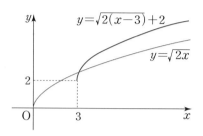

무리함수 $y=\sqrt{ax+b}+c(a\neq0)$의 그래프

무리함수 $y=\sqrt{ax+b}+c(a\neq0)$의 그래프는 $y=\sqrt{ax+b}+c$를 $y=\sqrt{a(x-p)}+q$꼴로 변형하여 그릴 수 있습니다.

문제 무리함수 $y=\sqrt{2x+4}+2$의 그래프를 그리고, 정의역과 치역을 각각 구하세요.

풀이 $y=\sqrt{2x+4}+2$를 $y=\sqrt{a(x-p)}+q$꼴로 변형하면,

$y=\sqrt{2x+4}+2=\sqrt{2(x+2)}+2$입니다.

무리함수 $y=\sqrt{2(x+2)}+2$의 그래프는 함수 $y=\sqrt{2x}$의 그래프를 x축의 방향으로 -2만큼, y축의 방향으로 2만큼 평행이동한 것입니다.

따라서 이 함수의 그래프는 다음 그림과 같고 정의역은 $\{x\,|\,x\geq-2\}$이고 치역은 $\{y\,|\,y\geq2\}$입니다.

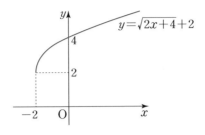

수학 교과서에서 한 걸음 더 나아가기

무리함수와 관련된 문제를 풀다보면 반드시 그래프를 그려야 하는 상황이 있습니다. 다음 예를 통해 알아보겠습니다.

문제 무리함수 $y=\sqrt{x+4}$의 그래프와 직선 $y=x+k$가 서로 다른 두 점에서 만나도록 실수 k값의 범위를 정하세요.

풀이1 두 식을 연립하면 $\sqrt{x+4}=x+k$이며, 양변을 제곱하면 $x+4=x^2+2kx+k^2$입니다. 이 식을 정리하면,

$x^2+(2k-1)x+k^2-4=0$입니다.

서로 다른 두 점에서 만나도록 하는 k값의 범위를 구하기 위해 판별식을 이용하겠습니다.

$D=(2k-1)^2-4(k^2-4)=-4k+17>0$

따라서 $k<\dfrac{17}{4}$입니다.

풀이 2 주어진 직선의 기울기가 일정하고 y절편이 k값에 따라 변한다는 것을 생각해봅시다.

먼저 무리함수 $y=\sqrt{x+4}$의 그래프와 직선 $y=x+k$의 그래프를 같이 그려보겠습니다.

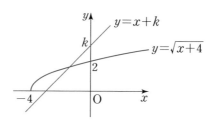

직선이 $(-4, 0)$을 지나면, k값은 4가 됩니다. 두 점에서 만나기 위해서는 y절편인 k값이 4와 같거나 커야 합니다.

4보다 작게 되면 한 점에서만 만나기 때문이죠.

$$k \geq 4 \qquad \cdots\cdots \ (1)$$

한편 서로 다른 두 점에서 만나기 위해서는 k값이 두 그래프가 접할 때보다는 작아야겠죠. 접점에서의 y절편 k를 구해보겠습니다.

두 식을 연립한 후 양변을 제곱하여 얻은 식을 정리하면

$x^2+(2k-1)x+k^2-4=0$에서

$D=(2k-1)^2-4(k^2-4)=-4k+17=0$, $k=\dfrac{17}{4}$입니다.

k값은 $\dfrac{17}{4}$보다 작아야 합니다.

따라서 $k<\dfrac{17}{4}$ $\quad \cdots\cdots$ (2)

그러므로 구하는 k의 범위는 (1), (2)에 의해서

$4 \leq k < \dfrac{17}{4}$입니다.

풀이 1과 풀이 2의 답이 다릅니다. 여기서는 풀이 2가 옳습니다.

무리함수 $y=\sqrt{x+4}$의 양변을 제곱할 경우, $y^2=x+4$가 되며 그 래프를 그려보면 포물선입니다. x축 아랫부분에 있는 $y=-\sqrt{x+4}$ 의 그래프까지 같이 그려지는 것이죠. 풀이 1의 경우는 x축의 아랫 부분에 있는 $y=-\sqrt{x+4}$의 그래프와 만나서 생긴 교점까지 생각 한 것입니다.

따라서 풀이 1의 경우 범위가 $k<\dfrac{17}{4}$가 나왔습니다. 반드시 풀 이 2와 같이 그래프를 그려본 다음 생각해야 합니다.

수학 문제 해결

문제   유리함수 $\dfrac{ax+b}{x+c}$의 그래프가 다음 그림과 같을 때 세 상수 a, b, c의 값을 각각 구하세요.

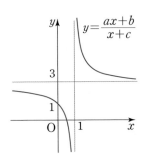

풀이 점근선이 $x=1$, $y=3$이므로 유리함수의 식은

$y=\dfrac{k}{x-1}+3$입니다. 한편, 그래프가 $(0,1)$을 지나기 때문에

$1=\dfrac{k}{0-1}+3$이고 $k=2$입니다.

그러므로 $y=\dfrac{2}{x-1}+3=\dfrac{2}{x-1}+\dfrac{3(x-1)}{x-1}=\dfrac{3x-1}{x-1}$

$a=3$, $b=-1$, $c=-1$

문제 무리함수 $y=\sqrt{ax+b}+c$의 그래프가 다음 그림과 같을 때 세
상수 a, b, c의 값을 각각 구하세요.

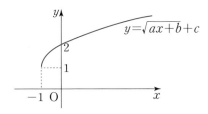

풀이 그래프의 정의역이 $\{x \mid x \geq -1\}$이고 치역은 $\{y \mid y \geq 1\}$이므로,
$y=\sqrt{ax+b}+c=\sqrt{a(x+1)}+1$이며, 이 함수의 그래프가
$(0,2)$를 지나므로 $\sqrt{a}+1=2$입니다. 따라서 $a=1$이고 a값을
대입해 식을 정리하면, $y=\sqrt{x+1}+1$입니다.

그러므로 $a=1$, $b=1$, $c=1$입니다.

수학 발견술 1   유리함수와 무리함수 그래프와 식을 연결하라.

문제 다음을 만족시키는 x값을 모두 구하세요.

$$\sqrt{x+2}=x$$

풀이 $\sqrt{x+2}=x$의 양변을 제곱하면 $x+2=x^2$이며,

식을 정리해 방정식을 풀면

$$x^2-x-2=0$$

$$(x-2)(x+1)=0$$

$$x=2 \text{ 또는 } x=-1$$

그런데 여기서 2만 해가 됩니다.

$x=-1$을 대입하면 $1=-1$이 되기 때문입니다.

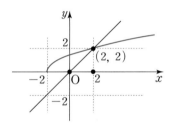

식을 조작해 나온 해를 모두 답으로 생각하지 말고, 그래프를 그리거나 원래의 식에 대입해 반드시 한번 더 확인해봐야 합니다.

문제 다음을 만족시키는 x값을 모두 구하세요.

$$\frac{x^2-1}{x-1}=-2$$

풀이 $\dfrac{x^2-1}{x-1}=-2$의 양변에 $x-1$을 곱하면

$x^2-1=-2(x-1)$이며, 식을 정리해 방정식을 풀면

$$x^2 + 2x - 3 = 0$$

$$(x+3)(x-1) = 0$$

$$x = -3 \text{ 또는 } x = 1$$

그런데 여기서 -3만 해가 됩니다. 1의 경우는 유리함수

$y = \dfrac{x^2-1}{x-1}$의 정의역에 포함되지 않기 때문입니다.

이 문제를 통해서도 식을 조작해 나온 해를 모두 답으로 생각하지 말고, 원래의 식에 대입해 반드시 다시 확인해봐야 한다는 것을 알 수 있습니다. 문제를 풀 때, 검산의 과정이 중요한 이유입니다.

수학 발견술 2

가짜 근이 숨어 있다.
그래프를 그리거나 원래의 식에 대입해 확인하자.

수학 감성

다음 문제를 먼저 풀어보겠습니다.

문제 $6 \le x \le 12$에서 유리함수 $y = \dfrac{2x-3}{x-5}$의 최댓값과 최솟값을 각각 구하세요.

풀이 $y = \dfrac{2x-3}{x-5} = \dfrac{7}{x-5} + 2$이므로 $x = 5$, $y = 2$가 점근선이며,

그래프는 다음과 같이 그려집니다.

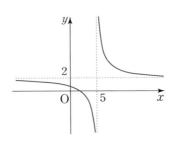

6 ≤ x ≤ 12에서 유리함수 $y = \dfrac{2x-3}{x-5}$ 의 최댓값은 $x = 6$일 때의

함숫값인 9이고, 최솟값은 $x = 12$일 때의 함숫값인 3입니다. 최댓

값과 최솟값은 주어진 범위(여기서는 6 ≤ x ≤ 12)에서 함숫값의 한계

를 의미합니다. 여기서 정의역의 범위를 바꾸면, 최댓값과 최솟값

이 바뀝니다. 한계도 변합니다. 삶을 변화시켜보십시오.

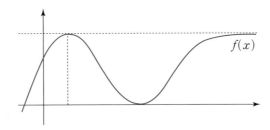

위 그래프를 보시겠어요? 유리함수는 아니지만, 이 함수는 x의

값이 커질수록 함숫값은 어느 한 값에 가까이 갑니다. 점근선이지

요. 점근선도 일종의 한계를 나타냅니다. 결코 도달할 수 없는 곳이

지요. 점근선이 존재하는 함수의 그래프를 보면 함숫값들이 정해진 범위 안에 있습니다.

앞의 문제처럼, x값의 범위를 바꾸면 함수의 최댓값이 더 커질까요? 여기서는 그렇지 않습니다. 한계를 바꾸기 위해서는 함수 자체를 바꿔야 합니다. 우리에게 주어진 인생의 한계를 확장시키고 싶나요? 열심히 노력만 하기보다는 환경과 시스템을 바꾸십시오. 그래야 한계도 바뀝니다.

10

5일차

지수와 로그

인간의 감각에 숨어 있는 로그

로그는 수개월의 노동을 며칠로 줄여주고,
천문학자의 수명을 배로 늘려주며,
기나긴 계산과 오차에 시달리지 않도록 해주는 경이로운 발명이다.
— 라플라스

들어가기

수의 표현과 계산은 다양한 분야에서 매우 중요하게 활용됩니다. 르네상스 이후 천문학과 항해술, 군대 전술 등에 이르기까지 수의 표현과 정확한 계산에 대한 요구가 있었습니다. 지수 표현법으로 인해 우리는 아주 작은 수에서부터 큰 수에 이르기까지 간단한 형태로 나타낼 수 있습니다. 지구의 무게는 지수를 사용하여 약 $5.98 \times 10^{27}(\mathrm{g})$으로 간단하게 나타낼 수 있는 것이죠.

큰 수의 계산에서 아주 중요하게 사용되는 개념이 로그입니다. 16세기 말과 17세기 초는 천문학 분야에서 큰 발전이 있었습니다. 케플러나 갈릴레이와 같은 천문학자들이 행성의 운동에 대해 많은 사실을 알아낸 시기이지요. 천문학자들은 지루하고 고단한 계산에

긴 시간을 써야 했는데요. 계산기가 발명되기 전에 천문학자들은 로그를 이용해 별까지의 거리와 같은 큰 수의 계산을 쉽게 할 수 있었습니다.

이번 강의에서는 지수와 거듭제곱근의 기초 개념과 지루하기만 했던 계산의 어려움을 해결해준 로그의 원리를 살펴보고 실생활에 어떻게 활용되고 있는지 알아보겠습니다.

수학 교과서로 배우는 최소한의 수학 지식

지수

제곱해서 실수 a가 되는 수, 즉 $x^2=a$를 만족시키는 수 x를 a의 제곱근이라고 합니다.

세제곱해 실수 a가 되는 수, 즉 $x^3=a$를 만족시키는 수 x를 a의 세제곱근이라고 합니다.

제곱근, 세제곱근, 네제곱근 … 을 통틀어 거듭제곱근이라고 합니다. 독일의 수학자인 미하엘 슈티펠Michael Stifel(1486~1567)이 《산술백과Arhmetica integra》를 통해 거듭제곱근의 개념을 처음 제시했습니다.

일반적으로 n이 2 이상의 정수일 때, n제곱해 실수 a가 되는 수, 즉 $x^n=a$를 만족시키는 수 x를 a의 거듭제곱근이라고 합니다.

a의 n제곱근은 복소수 범위에서 정확하게 n개 존재합니다. n차 방정식의 관점에서 대수학의 기본정리를 떠올리시기 바랍니다. 그러나 여기서는 실수의 범위에서만 살펴보겠습니다.

$$x^n = a$$

x의 n제곱

a의 n제곱근

n이 홀수일 경우 a의 n제곱근은 1개 있으며, $\sqrt[n]{a}$로 씁니다.

n이 짝수일 경우 a의 n제곱근은 2개 있으며, $-\sqrt[n]{a}$, $\sqrt[n]{a}$로 씁니다(단 n이 짝수일 경우 a는 양의 실수만 생각했습니다).

[보기]　8의 세제곱근: $x^3 = 8$, $x = \sqrt[3]{8}$, $x = 2$

　　　　-8의 세제곱근: $x^3 = -8$, $x = \sqrt[3]{-8}$, $x = -2$

　　　　3의 제곱근: $x^2 = 3$, $x = -\sqrt{3}$, $\sqrt{3}$

로그

$2^x = 2 \iff x = 1$

$2^x = 4 \iff x = 2$

$2^x = 8 \iff x = 3$

입니다. 그런데 과연 $2^x = 7$이 되는 x의 값이 존재할까요? 존재한다면 그 값은 무엇일까요?

위에서 살펴본 것과 같이 $2^x = 2$, $2^x = 4$, $2^x = 8$, $\cdots$ 을 만족시키

는 x의 값은 각각 $1, 2, 3, \cdots$으로 하나씩만 존재함을 알 수 있습니다. 이제 $2^x = 7$을 만족시키는 x의 값을 알아보겠습니다.

$a^x = N$ (단, $a > 0$, $a \neq 1$, $N > 0$)을 만족시키는 실수 x는 오직 하나 존재합니다. 이 수 x를 밑이 a인 N의 로그라고 하며, 이것을 기호로 $x = \log_a N$과 같이 나타냅니다. 이때 N을 로그의 진수라고 합니다($\log_a N$에서 $a \neq 1$인 조건이 필요합니다. 왜냐하면, $1^2 = 1$, $1^3 = 1$ 인데, 이것을 로그로 표현하면 $\log_1 1 = 2$, $\log_1 1 = 3$이 되어 밑이 1인 로그 의 값이 하나로 정해지지 않기 때문입니다).

로그의 정의

$a > 0$, $a \neq 1$, $N > 0$일 때

$a^x = N \iff x = \log_a N$

$$\log_a N$$

진수

밑

로그식 $3 = \log_2 8$에서 2는 로그의 밑, 8은 로그의 진수라고 합니다. 밑이 2일 때, 8의 로그의 값이 3이라는 표현이 됩니다.

[보기]　$2^2 = 4 \iff 2 = \log_2 4$

$$2^{-3} = \frac{1}{8} \iff -3 = \log_2 \frac{1}{8}$$

$$2^{\frac{1}{2}} = \sqrt{2} \iff \frac{1}{2} = \log_2 \sqrt{2}$$

로그는 계산의 변환 시스템입니다. 로그를 이용하면 곱셈을 덧셈으로 나눗셈을 뺄셈으로 만들 수 있습니다. 영국의 수학자 존

네이피어John Naper(1550~1617)는 로그를 발견하고 로그표를 최초로 제시했습니다. 다음의 예를 이용해 알아보겠습니다.

$$100000 \times 10000 = 1000000000$$

위의 경우처럼 수의 단위가 커지면 곱셈을 하기가 까다롭습니다. 로그를 이용해 10000을 5로 1000을 4로 바꾸어 이들의 덧셈인 5+4=9로 계산할 수 있는 시스템이나 법칙, 알고리즘을 만들어주면 됩니다. 쉽게 계산을 한 다음 최종적으로 9를 1000000000로 해석하면 되거든요.

물론 로그의 계산은 지수법칙과도 밀접하게 관련되어 있습니다. 하지만 네이피어가 로그를 발명할 당시는 지수의 명확한 개념이 정립되기 전이었습니다.

이제부터 로그를 이용해 어떻게 곱셈을 덧셈으로 바꿔 계산할 수 있는지 알아보겠습니다.

2를 밑으로 하는 로그를 사용해 8×16이라는 간단한 계산을 덧셈으로 바꿔보겠습니다. 먼저 진수 8과 16의 로그 값을 다음 그림의 왼쪽 부분에서 찾아보기 바랍니다. $3 = \log_2 8$, $4 = \log_2 16$입니다. 덧셈으로 바꾸겠습니다. 3+4=7입니다.

이제 로그의 값이 7이 되는 진수를 다음 그림의 왼쪽 부분에서 찾아보세요. $7 = \log_2 128$입니다.

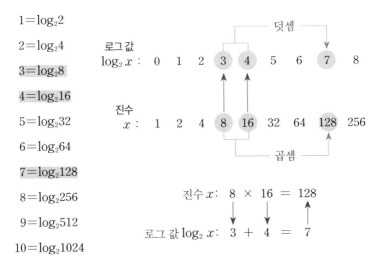

$1 = \log_2 2$

$2 = \log_2 4$

$3 = \log_2 8$

$4 = \log_2 16$

$5 = \log_2 32$

$6 = \log_2 64$

$7 = \log_2 128$

$8 = \log_2 256$

$9 = \log_2 512$

$10 = \log_2 1024$

즉 진수 128이 8×16의 답입니다. 그림의 왼쪽 부분에 있는 로그표는 마치 종이 계산기와 같습니다. 나눗셈의 경우는 더하기를 빼기로 바꾸기만 하면 됩니다. 이처럼 곱셈과 나눗셈을 덧셈과 뺄셈으로 바꾸는 방법이 로그의 핵심 개념입니다.

$$\log_a MN = \log_a M + \log_a N \qquad \cdots\cdots (1)$$
$$\log_a \frac{M}{N} = \log_a M - \log_a N \qquad \cdots\cdots (2)$$

(1)과 (2)의 식을 다음과 같이 증명할 수 있습니다.

$\log_a M = p$, $\log_a N = q$라고 하면, $a^p = M$, $a^q = N$입니다. 이때, $MN = a^p a^q = a^{p+q}$이므로

$$\log_a MN = p + q = \log_a M + \log_a N$$

마찬가지로 $\dfrac{M}{N} = \dfrac{a^p}{a^q} = a^{p-q}$ 이므로

$$\log_a \dfrac{M}{N} = p - q = \log_a M - \log_a N$$

Deg. 0

mi	Sines	Logarith	Differen.	Logarith:	Sines	
0	0	Infinite.	Infinite.	.0	1000000.0	60
1	291	8142567	8142568	.1	1000000.0	59
2	582	7449419	7449421	.2	999999 8	58
3	873	7043952	7043956	.4	999999.6	57
4	1164	6756275	6756274	.7	999999.3	56
5	1454	6533131	6533130	1.1	999998 9	55
6	1745	6350810	6350808	1.6	999998.6	54
7	2036	6196659	6196657	2.2	999998.0	53
8	2327	6063118	6063116	2.8	999997.4	52
9	2618	5945345	5945342	3.5	999996.7	51
10	2909	5839986	5839814	4.3	999995 9	50
11	3280	5744676	5744671	5.2	999995.0	49
12	3491	5657665	5657658	6.2	999994.0	48
13	3781	5577622	5577615	7.3	999992.8	47
14	4072	5503514	5503506	8.4	999991.7	46
15	4363	5434522	5434513	9.6	999990.5	45
16	4654	5369984	5369973	10 9	999989.2	44
17	4945	5309360	5309348	12.3	999987.8	43
18	5236	5252202	5252188	13.8	999986.3	42
19	5527	5198136	5198120	15.4	999984.7	41
20	5818	5146843	5146836	17.0	999983.1	40
21	6109	5098054	5098045	18.7	999981 3	39
22	6399	5051534	5051524	20.5	999979.5	38
23	6690	5007083	5007060	22.4	999977.6	37
24	6981	4964524	4964499	24.4	999975.6	36
25	7272	4923703	4923676	26.5	999973.5	35
26	7563	4884483	4884454	28.7	999971.4	34
27	7854	4846743	4846712	30 9	999969.2	33
28	8145	4810376	4810343	33.2	999966.8	32
29	8436	4775286	4775210	35.6	999964.4	31
30	8726	4741385	4741347	38.1	999961.9	30

Min.

Deg. 89

위의 그림은 1614년에 출판된 존 네이피어의 《경이적인 로그법칙의 기술Mirifici Logarhmorum Canonis Descriptio》에 실린 로그표입니다. 조금 복잡하지요. 로그표는 계산기와 컴퓨터가 없던 시절 로그의 활용을 용이하게 해준 핵심 도구였습니다.

존 네이피어는 로그를 발표하면서 '비ratio'를 뜻하는 그리스어 logos(우주를 지배하는 논리, 신의 언어)와 '수'를 뜻하는 그리스어 arithmos를 합하여 logarithm이라는 단어를 만들었습니다. 이 단어에서 우리가 사용하고 있는 로그(log)라는 용어가 나왔습니다.

네이피어의 책이 출간된 이후, 헨리 브리그스Henry Briggs(1561~1631)는 네이피어를 직접 찾아가 오늘날의 상용로그라고 부르는 밑이 10인 새로운 로그 체계를 제안합니다. 상용로그가 10진법을 쓰는 인류에게 더 편리하다는 것이었죠. 이후 네이피어의 로그를 발전시켜 1부터 10만까지의 자연수에 대한 상용로그 값이 실린 책이 몇 년 뒤에 발간되었습니다. 브리그스의 로그표는 매우 정확해서 지금 사용하는 상용로그표와 거의 유사합니다. 10을 밑으로 하는 상용로그에 대해 알아보겠습니다.

상용로그

일반적으로 양수 N에 대하여 상용로그 $\log_{10} N$은 밑 10을 생략하여 $\log N$으로 나타냅니다.

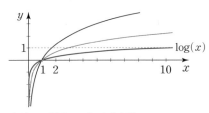

<상용로그 함수 그래프(파란색)>

상용로그를 쓰면 수의 크기가 확 줄어듭니다. 앞의 그림은 밑이 서로 다른 로그함수 $y=\log_a x$의 그래프입니다. 이 중 파란색 곡선이 상용로그 함수 그래프입니다. 상용로그 그래프를 보시죠. 10에 대한 함숫값이 1입니다. 더 큰 수를 예로 들어볼까요? 1억(100000000)에 대한 상용로그 값은 $\log 100000000 = 8$이 됩니다.

이제 상용로그를 이용해 2^{50}의 대략적인 값을 알아보겠습니다. $\log 10 = 1$이며, $\log 10^n = n\log 10 = n$이 된다는 것을 미리 확인하기 바랍니다.

문제 상용로그를 활용해 2^{50}의 값을 대략적으로 구하세요.

풀이 먼저 $\log 2^{50} = 50\log 2$를 계산합니다. 상용로그표를 보면, $\log 2 = 0.3010 \cdots$ 이므로 다음과 같이 대략적으로 계산하겠습니다.

$$\log 2^{50} = 50\log 2 = 50 \times 0.3010 \cdots$$
$$= 15.050 \cdots$$
$$= 15 + 0.050$$
$$= \log 10^{15} + 0.050$$

한편 로그표를 다시 살펴보면, $0.050 = \log 1.12$이므로,
위 식에 대입하여 다음을 알 수 있습니다.

$$\log 2^{50} = \log 10^{15} + \log 1.12 = \log(10^{15} \times 1.12)$$

따라서 $2^{50} = 1.12 \times 10^{15}$입니다. 로그표를 두 번만 찾아 2^{50}을 비교적 정확하게 구했습니다.

2^{50}은 가장 큰 자리 수가 1인 16자리 자연수입니다. 물론 대략적인 값입니다. 무리수인 상용로그 값들을 표현하는 방식에 따라서 조금 더 정확한 계산 결과를 얻을 수 있습니다.

수학 교과서에서 한 걸음 더 나아가기

중국의 산학책 《산학계몽算學啓蒙》에서 소개하는 큰 수의 단위인 항하사恒河沙, 아승기阿僧祇, 나유타那由他, 불가사의不可思議, 무량대수無量大數 등은 각각 재미있는 사연이 있다고 합니다. 한편, 막漠, 모호模糊, 순식瞬息, 찰나刹那, 허공虛空 등은 매우 짧은 순간을 나타내는 말로, 우리 실생활에서 자주 사용하는 단어이지요. '모호'는 있는 듯 없는 듯 분명하지 않다는 뜻이 있고, '찰나'는 아주 가는 비단 실에 날카로운 칼을 대어 끊어지는 데 걸리는 시간을 의미합니다. 이와 같은 단어들은 다음과 같이 매우 작은 수의 단위입니다.

크기	10^{-12}	10^{-13}	10^{-16}	10^{-18}	10^{-20}
단위	막	모호	순식	찰나	허공

크기	10^{52}	10^{56}	10^{60}	10^{64}	10^{68}
단위	항하사	아승기	나유타	불가사의	무량대수

출처: 「수학동아」 2012

이 표에서 제시된 수들은 매우 작거나 매우 큽니다. 하지만, 상용로그 $\log x$를 이용하면, 우리가 사용하는 간단한 정수로 바꿀 수 있습니다.

로그가 발명되고 나서 당시 천문학계의 반응은 매우 뜨거웠습니다. 로그가 천문학에서 어떻게 활용되었는지를 간단하게 살펴보겠습니다. 케플러는 스승 티코 브라헤가 관측한 자료를 물려받아 연구하면서 행성의 운동에 대한 중요한 법칙들을 발표했습니다. 그중 행성의 공전 주기는 태양과의 평균 거리의 1.5제곱이 된다는 사실도 있습니다. 그는 다음과 같이 로그를 이용해 이 사실을 짐작했던 것으로 보입니다. 로그가 없었다면, 계산에 많은 시간이 소요되었을 것입니다.

행성이름	태양과의 거리 T(천문 단위)	공전주기 P(년)	log(P)/log(T)
수성	0.387	0.24	1.50329
금성	0.723	0.62	1.47384
화성	1.524	1.88	1.49825
목성	5.203	11.86	1.49959
토성	9.539	29.46	1.49998

당대 최고의 천문학자였던 티코 브라헤와 그의 제자였던 케플러는 로그를 활용해 행성의 운동을 연구했지요. 로그가 없었더라면 이들은 태양계의 구조는커녕 계산만 하다 생을 마감했을지도 모를 일입니다.

수학 문제 해결

문제 지구에서 r pc(파섹)만큼 떨어져 있는 별의 절대 등급을 M, 겉보기 등급을 m이라고 하면, r, M, m 사이에는 다음과 같은 관계식이 성립함이 알려져 있습니다.

$$M = m + 5 \log \frac{10}{r}$$

지구에서 $10^{-2.3}$ pc만큼 떨어져 있는 어느 별의 겉보기 등급이 -11.7일 때, 이 별의 절대 등급을 구하세요(pc은 천문학에서 사용하는 거리의 단위로 1pc$=3.09 \times 10^{13}$ km입니다).

풀이 관계식 $M = m + 5\log \dfrac{10}{r}$에 $10^{-2.3}$ pc, 별의 겉보기 등급 -11.7을 대입하면,

$$-11.7 + 5\log \frac{10}{10^{-2.3}} = -11.7 + 5 \times (1 + 2.3) = 4.8 (등급)$$

문제 2016년 9월 경주시 인근에서 리히터 규모 5.8의 지진이 발생했습니다. 지진의 세기를 나타내는 대표 단위인 리히터 규모 M은 지진이 발생한 곳의 지표로부터 100 km 떨어진 곳의 지진계에 기록된 지진파의 최대 진폭을 I μm(지진이 없을 경우 $I=1$로 정의)라고 할 때, $M = \log I$로 정의합니다. 즉 리히터 규모 M은 밑이 10인 최대 진폭의 로그입니다. 리히터 규모가 4.0에서 6.0으로 증가하면, 최대 진폭은 몇 배 증가하는지 계산

하세요.

풀이 리히터 규모가 4인 최대 진폭을 I_4, 리히터 규모가 6인 최대 진폭을 I_6라고 하면, $4 = \log I_4$, $6 = \log I_6$이며, $\dfrac{I_6}{I_4}$를 구하기 위해 로그의 차를 이용하겠습니다.

$\log \dfrac{I_6}{I_4} = \log I_6 - \log I_4 = 6 - 4 = 2$이므로,

$\dfrac{I_6}{I_4} = 100$, $I_6 = 100 I_4$입니다.

리히터 규모가 2만큼 커지면, 최대 진폭은 100배 증가합니다.

보통 로그의 실생활 문제는 관계식이 비교적 복잡하게 나옵니다. 과학자들이 이미 구해놓은 식들이지요. 문제를 풀 때는 관련된 수를 관계식에 대입하고 로그의 성질을 이용해 계산해주면 됩니다.

수학 발견술 　관계식에 수를 대입한 후 로그의 성질을 이용하라.

수학 감성

사람의 마음이나 감각을 수로 나타내기 위해 노력했던 학자들은 인간이 인지할 수 있는 자극의 크기와 감각의 관계를 주로 연구했습니다.

특히 독일의 의사이자 생리학자였던 에른스트 베버Ernst Weber(1795~1878)는 자극의 변화를 감지하기 위해서는 처음 자극에 대해 일정 비율 이상의 자극이 필요하다는 사실을 밝혔습니다.

이러한 베버의 법칙을 바탕으로 물리학자 구스타프 페히너Gustav Fechner(1801~1885)는 "감각의 양은 그 감각이 일어나게 한 자극의 물리량의 로그에 비례한다"는 가설을 제시했습니다. 이 가설의 핵심은 자극의 강도가 더해짐에 따라 감각이 증가하는 비율은 점차 약해진다는 것입니다. 이 법칙을 로그를 이용한 식으로 쓰면 다음과 같습니다.

$$S = k \log I$$

여기서 S는 감각, I는 자극, k는 상수(감각별로 다른 값)입니다.

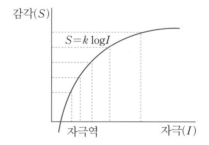

이러한 사실은 실생활에서 자주 발견됩니다. 예를 들면 임금이 100만 원에서 200만 원으로 증가했을 때 느낀 2배의 기쁨을 한 번 더 느끼려면 200만 원에서 300만 원으로 증가하는 것으로는 부족합니다. 200만 원에서 400만 원으로 증가해야 비슷한 감정을 느낄 수 있습니다.

소리의 크기도 마찬가지입니다. 시끄러운 곳에서 우리가 느낄 수 있는 소리의 강도는 조용한 곳보다 훨씬 커야 합니다. 소리의 크기 단위는 상용로그 값으로 표현된 데시벨(dB)을 사용합니다. 리모콘의 음량 조절 숫자들은 실제로 로그 값에 비례하도록 설계되어 있습니다. 숫자가 커질수록 소리의 크기가 증가하는 폭이 훨씬 더 커집니다. 인간의 욕망을 채워주기 위해선 점점 강한 자극이 필요한 것이지요. 절제의 미덕이 필요할 때도 있습니다.

큰 수의 계산을 보다 쉽게 하기 위해 로그를 만든 네이피어는 그가 만든 로그에 인간의 감각이 숨어 있다는 사실을 알고 있었을까요?

수학자들의 감정과 느낌

실생활 활용 따위의 세속적인 의미를 찾지 않는다

페르마의 마지막 정리Fermat's Last Theorem는 수학의 한 분야인 정수론에서 아주 유명한 미해결 문제였습니다.

> n이 3이상의 자연수일 때, $a^n + b^n = c^n$을 만족시키는 양의 정수 a, b, c는 존재하지 않는다.

이 정리는 프랑스의 법관이자 수학자였던 피에르 드 페르마Pierre de Fermat(1601~1665)가 처음으로 추측했습니다. 사실 $n=2$일 경우엔 고대 그리스 시대부터 알려진 피타고라스 정리가 되는데, 이 문제는 n이 세제곱 이상일 경우에도 성립할지에 대한 의문에서 시작되었다고 합니다.

페르마는 고대 그리스 수학자 디오판토스Diophantus의 저서인 《산술Arithmetica》을 읽으면서 책의 여백에 많은 주석을 남겨놓았습니다. 그 주석들은 수학적으로 독창적인 아이디어가 풍부했습니다.

페르마가 사망한 뒤에 그가 남긴 여러 주석 중 하나만을 제외하곤 모두 옳다는 사실이 밝혀지기도 했습니다. 그 하나가 '페르마의 마지막 정리'로, 수학에서 가장 유명한 미해결 문제로 남게 된 것이죠.

페르마가 남겨놓은 글
(출처: 위키피디아)

특히 문제와 함께 적힌 마지막 문장에 수학자들은 더 매료되었습니다.

"나는 이것을 경이로운 방법으로 증명했지만, 책의 여백이 좁아서 여기에 옮기지는 않는다."

페르마가 1637년에 적은 것으로 추정되는 글입니다. 과연 그는 이 명제를 증명한 것일까요? 아무도 모릅니다. 분명한 것은 이 문장이 당대의 수많은 수학자에게 도전과 절망을 안겨주었다는 것이죠.

1993년 6월, 영국 케임브리지대학교의 아이작뉴턴연구소에 모인 수백 명의 수학자들은 한껏 들떠 있었습니다. 영국 출신의 프린스턴대학교 수학 교수인 앤드루 와일즈Andrew Wiles(1953~)가 300년 넘게 당대의 최고의 수학자들에게 도전과 절망을 안겨준 이 페르마의 마지막 정리를 증명한 역사적인 순간이었습니다. 와일즈는 "이쯤에서 끝내는 게 좋겠습니다"라는 말과 함께 칠판 가득한 수식에 마침표를 찍었죠.

와일즈는 페르마의 마지막 정리의 증명과는 전혀 관계가 없어 보였던 한 이론에서 역사적인 문제 해결의 실마리를 찾을 수 있다는 직감을 했습니다. 그 후 페르마의 마지막 정리의 증명에 도전한다는 것을 누구에게도 말하지 않고, 페르마가 남긴 추측과 고독한 싸움을 시작했습니다. 7년여를 학계에서 자취를 감추고 오로지 연구실과 집에서 수식을 한 줄씩 써 내려가 200페이지가 넘는 논문을 들고 모교인 케임브리지대학교를 찾았던 것이죠.

그는 몇 가지 오류의 수정 작업을 거쳐 이듬해 완벽한 증명을 내놓았습니다. 저명한 수학 저널《수학 연보》는 특별판을 마련해 와일즈 교수의 논문을 게재했습니다. 그는 증명의 오류 수정 기간까지 포함해 8년여를 오직 한 가지 문제만 생각했던 것인데요. 어떤 생각을 하면서 8년을 견뎠을까요? 회고록을 통해 엿보겠습니다.

"저는 8년 동안 한 가지 문제만 생각했습니다. 아침에 일어나서 잠자리에 들 때까지 단 한시도 그 문제를 잊은 적이 없었습니다. 한

가지 생각만으로 보낸 시간치고는 꽤 긴 시간이었지요. 저의 여행은 이제 끝났습니다."

앤드루 와일즈는 아침에 일어나서 잠자리에 들 때까지 한 문제에만 몰두했습니다. 어쩌면 8년은 짧을 수도 있습니다. 평생을 바쳐 이 문제를 연구했던 선배 수학자들도 있었으니까요.

하지만, 분명한 것은 많은 수학자들이 단 한 문제를 해결하고 싶은 내적 동기로 칠흑같이 어두운 터널 속에서 수없이 많은 시간을 보낸다는 겁니다. 그중 일부의 수학자들만이 문제 해결의 실마리를 찾아 세상을 놀라게 하는 것이지요.

수천 년의 역사를 자랑하는 수학은 끊임없이 문제에 대해 고민하고, 긴 시간을 묵묵히 연구에 몰두한 여러 수학자에 의해 만들어졌습니다. 페르마의 마지막 정리의 증명이 대표적인 예일 뿐입니다.

수학 분야는 노벨상이 없지만, 4년마다 필즈상이 수여됩니다. 일본의 수학자 히로나카 헤이스케廣中平祐(1931~)는 대수기하학에서 풀리지 않았던 유명한 난제인 '대수다양체의 특이점 해소 정리'를 완벽하게 증명했고, 그 공로를 인정받아서 1970년에 일본에서 두 번째로 필즈상을 수상했습니다.

그는 현재 하버드대학교의 명예교수이자, 서울대학교 수리과학부의 석좌교수로 활동하고 있으며, 《학문의 즐거움》이라는 책의 저자로 더 유명합니다. 이 책에서 그는 평범한 환경에서 자란 자신이 놀라운 학문적인 업적을 이룬 것은 수학을 좋아하고 한 문제를 풀기 위해 부단한 노력을 기울인 덕분이라고 밝혔습니다.

그는 '특이점 해소'라는 특정한 문제에 오로지 매료되었던 것입니다. 마치 앤드루 와일즈가 8년간 '페르마의 마지막 정리'에 푹 빠져 있었던 것처럼 말이죠. 대중들은 수학의 발견이 쓸모가 없다는 말을 많이 합니다.

하지만, 수학은 공학과 같은 실용적인 학문이 아니라 순수 학문입니다. 수학자들은 어떤 문제를 스스로 발견하고 그 문제를 해결할 뿐입니다.

나는 이 문제를 알게 된 후부터 그것을 해결할 때까지 그것이 어떻게 이용되고 응용되는가 하는 따위에는 거의 신경을 쓰지 않았다. 아니, 거기까지 생각이 미치지 못했다고 하는 쪽이 정확할 것이다.

《학문의 즐거움》

히로나카 헤이스케를 세계적인 수학자로 만든 것은 문제 해결을 어떤 수단으로 생각하지 않고, 순수한 내재적 동기를 통해 끈기 있게 진행한 연구 덕분이었습니다.

수학자들이 문제를 해결할 때의 감정과 느낌은 크게 다르지 않습니다. 많은 경우 실생활 활용 따위의 세속적인 의미를 찾지 않습니다. 그저 주어진 문제를 밤낮없이 탐구할 뿐입니다.

수학 교육의 가치가 크고 거창한 것이 아닙니다. 끈기 있게 한

문제에 몰두하고 정직하게 풀이를 해나가는 과정에 수학의 본질이
가장 잘 담겨 있다고 할 수 있습니다.

6일차

극한과 연속

반복되는 패턴에 숨겨진 무한의 신비

무한 이외에 다른 어떤 물음도
그토록 인간 정신에 감동을 준 것은 없었다.
— 다비트 힐베르트

들어가기

수학은 수數를 다루는 학문입니다. 1 다음에 나오는 수가 무엇일까요? 초등학생들은 2라고 대답하겠네요. 하지만, 유리수와 실수, 복소수 범위까지 알고 있는 우리는 1 다음에 나오는 수를 쉽게 말할 수 없습니다. 1보다 크면서 1에 가장 가까운 수가 무엇인지 알아야 하는데, 수는 연속되어 있기 때문에 1에 가장 가까운 수를 정할 수 없기 때문입니다. 무한히 1에 가까워지는 수의 상태만을 말할 수 있을 뿐이지요.

우리가 일상생활에서 쉽게 접하는 시간에서 연속적으로 변하는 수를 쉽게 확인할 수 있습니다. 지금이 정확하게 몇 시인가요? 정확한 시각은 모릅니다. 여러분의 키도 마찬가지입니다. 연속적으로 변하는 수는 정확한 값을 지정할 수 없습니다. 그래서 나온 개념이 극한입니다.

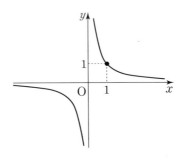

위 반비례 그래프에서 $x=1$일 때, y값(함숫값)은 얼마인가요? 답은 1입니다. 그림에 표시되어 있습니다. 시간과 같은 연속적인 상황을 가정해보죠. 연속적인 상황에서는 함숫값 대신 극한값을 사용해야 합니다. 함숫값은 정확한 값이지만, 극한값은 정확한 값이 아니거든요.

$$\lim_{x \to 1} \frac{1}{x} = 1$$

위의 "$\lim_{x \to 1}$"는 "x가 1이 되지 않으면서 1에 아주 가까이 간다"는 기호입니다. 1과 차이가 없을 정도로 가깝게 간다는 의미입니다. 이 식에서 등호는 같다는 의미가 아니고 "가까이 간다"는 의미입니다.

극한(무한)에는 두 가지 종류가 있습니다. 동적인 의미의 "가까이 간다(가무한)"와 정적인 의미의 "가까이 갔다(실무한)"입니다. 두 가지 의미는 다르지만, 수학에선 같은 의미로 봅니다.

위의 예에서 볼 때, 두 가지 종류의 극한의 의미를 모두 생각해 볼 수 있습니다. 특히 실무한의 의미는 결국엔 좌변의 값과 우변의 값이 같아졌다고 받아들여야 하므로 인지적으로 조금 어려운 개념입니다.

중학교 2학년 과정에 순환소수 개념이 나오지요.

$$0.9999 \cdots = 1$$

학생들에게 위 식이 옳은지 물어보면, 거의 대부분의 학생이 0.999999가 1보다 조금이라도 작은 것 같다고 말합니다. 순환소수의 개념은 극한으로 이해할 수 있습니다. 실무한을 생각해야 합니다. 두 수는 차이가 없을 정도로 가까워 진 것이죠. 오늘 강의의 끝부분에서 순환소수를 극한(급수) 개념으로 한번 더 다루겠습니다. 우리는 "나는 너를 무한히 좋아해", "이 노래는 너무너무 좋아"와 같은 말을 합니다. 하지만, 극한의 감정을 표현할 수는 없습니다. 오직 수학만이 무한을 객관적으로 표현하고 이성적으로 다룰 수 있습니다. 이 강의를 통해 무한의 신비를 깊게 느껴보시기 바랍니다.

수학 교과서로 배우는 최소한의 수학 지식

함수의 극한

함수 $f(x)$에서 x의 값이 어떤 수에 한없이 가까워질 때 $f(x)$의 값이 어떻게 변하는지 그래프를 통해 알아보겠습니다.

아래 그림과 같은 함수 $f(x)=x+1$의 그래프에서 x의 값이 1에 한없이 가까워질 때, $f(x)$의 값은 2에 한없이 가까워짐을 알 수 있습니다.

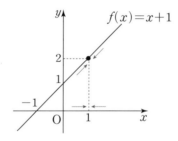

그럼 이제, 유리함수 $g(x)=\dfrac{x^2-1}{x-1}$을 생각해봅시다. 함수 $g(x)$는 $x=1$일 때 분모가 0이 되어 정의되지 않지만, x가 1이 아닌 모든 실수 x에서 $g(x)=\dfrac{x^2-1}{x-1}=\dfrac{(x+1)(x-1)}{x-1}=x+1$입니다.

수학에서 분모가 0인 분수는 어떤 한 값으로 정할 수 없습니다. $\dfrac{A}{B}$꼴의 분수에서 $B=0$일 때, $\dfrac{A}{B}$의 값을 생각해봅시다.

먼저 $A \neq 0$, $B = 0$인 경우에 $\dfrac{A}{0} = k$라고 한다면, $A = 0 \times k$가 되어야 하는데, 이것은 항상 옳지 않습니다. 즉 k값은 없습니다. 또한, $A = 0$, $B = 0$인 경우에 $\dfrac{0}{0} = k$라고 한다면, $0 = 0 \times k$을 만족시키는 k값이 무수히 많이 있습니다. 따라서 수학에서는 분모가 0인 분수를 생각하지 않습니다. 따라서 유리함수에서 분모를 0으로 하는 x값은 정의역에서 제외합니다.

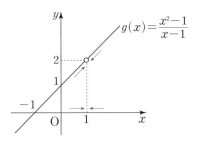

위의 그림과 같이 함수 $g(x) = \dfrac{x^2 - 1}{x - 1}$의 그래프에서 정의역은 $x \neq 1$인 모든 실수가 됩니다. $x = 1$에서 정의되지는 않지만 극한값은 생각할 수 있습니다. x의 값이 1에 한없이 가까워질 때(단 $x \neq 1$) $g(x)$의 값은 2에 가까워짐을 알 수 있습니다.

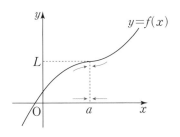

함수 $f(x)$에서 x의 값이 a가 아니면서 a에 한없이 가까워질 때 $f(x)$의 값이 일정한 값 L에 한없이 가까워지면 함수 $f(x)$는 L에 수렴한다고 하고, 이것을 기호로 $\lim_{x \to a} f(x) = L$ 또는 $x \to a$일 때 $f(x) = L$과 같이 나타냅니다. 이때 L을 함수 $f(x)$의 $x = a$에서의 극한값 또는 극한이라고 합니다.

예를 들어 앞의 유리함수 $g(x) = \dfrac{x^2 - 1}{x - 1}$는 $x = 1$에서 함숫값은 없지만 극한값은 존재합니다.

$$\lim_{x \to 1} g(x) = \lim_{x \to 1} \frac{x^2 - 1}{x - 1} = \lim_{x \to 1} \frac{(x+1)(x-1)}{x-1} = \lim_{x \to 1}(x+1) = 2$$

문제 극한값 $\lim_{x \to 2} \dfrac{x^2 - 4}{x - 2}$의 값을 구하세요.

풀이 $f(x) = \dfrac{x^2 - 4}{x - 2}$로 놓으면 $x \neq 2$일 때

$$f(x) = \frac{x^2 - 4}{x - 2} = \frac{(x+2)(x-2)}{x-2} = x + 2 \text{이므로}$$

$\lim_{x \to 2} \dfrac{x^2 - 4}{x - 2} = 4$입니다. 그래프를 통해서 확인해보겠습니다.

함수 $f(x)$의 그래프는 다음과 같습니다.

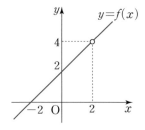

그래프를 보면, x의 값이 2가 아니면서 2에 한없이 가까워질 때 $f(x)$의 값은 한없이 4에 가까워진다는 것을 확인할 수 있습니다.

이제 x의 값이 한없이 커지거나 x의 값이 한없이 작아질 때 함수 $f(x)$의 극한에 대하여 알아보겠습니다.

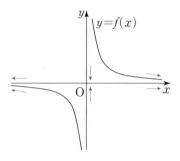

위의 그림은 함수 $f(x)=\dfrac{1}{x}$의 그래프입니다. x의 값이 한없이 커지면, $f(x)$의 값은 0에 한없이 가까워지고, x의 값이 한없이 작아질 때도 $f(x)$의 값은 0에 한없이 가까워짐을 알 수 있습니다. 일반적으로 함수 $f(x)$에서 x의 값이 한없이 커지거나 작아질 때, $f(x)$의 값이 일정한 값 a에 한없이 가까워지면, $\lim\limits_{x\to\infty} f(x)=a$, $\lim\limits_{x\to -\infty} f(x)=a$와 같이 나타냅니다.

위의 예에서는 $\lim\limits_{x\to\infty} f(x)=0$, $\lim\limits_{x\to -\infty} f(x)=0$이 되겠네요. 여기서 ∞는 한없이 커지는 상태를 나타내는 기호로 무한대라고 읽습니다.

문제 다음 등식이 성립하도록 두 상수 a, b값을 정하세요.

$$\lim_{x \to 1} \frac{x^2 + ax + b}{x - 1} = 7$$

풀이 $\lim_{x \to 1} \dfrac{x^2 + ax + b}{x - 1} = 7$(수렴)이고, $\lim_{x \to 1}(x - 1) = 0$이므로,

$$\lim_{x \to 1}(x^2 + ax + b) = 0$$

$$1 + a + b = 0$$

$$\therefore b = -a - 1$$

분자의 이차식을 인수분해하면 $x - 1$을 인수로 갖습니다.

인수 $x - 1$을 이용해 분자의 식을 인수분해하면

$x^2 + ax + b = (x - 1)(x + a + 1)$이 됩니다.

따라서 $\lim_{x \to 1} \dfrac{x^2 + ax + b}{x - 1} = \lim_{x \to 1} \dfrac{(x - 1)(x + a + 1)}{x - 1}$

$$= \lim_{x \to 1}(x + a + 1)$$

$$= 2 + a$$

$$= 7$$

그러므로 $a = 5$이고, $b = -a - 1$이므로

$b = -6$입니다.

함수의 연속

함수 $f(x)$가 $x = a$에서 연속일 때, 그래프는 $(a, f(a))$에서 연결되어 있습니다. 다음 표를 보시죠.

함수 식	$f(x)=x+1$	$g(x)=\dfrac{x^2-1}{x-1}$	$h(x)=\begin{cases}\dfrac{x^2-1}{x-1} & (x\neq1)\\ 1 & (x=1)\end{cases}$
그래프			
극한값, 함숫값 비교	$x=1$에서 극한값, 함숫값이 모두 존재하고 두 값이 같다.	$x=1$에서 극한값은 존재하지만, 함숫값이 존재하지 않는다.	$x=1$에서 극한값과 함숫값이 모두 존재하지만, 두 값이 다르다.
연속/불연속	$x=1$에서 연속	$x=1$에서 불연속	$x=1$에서 불연속

함수가 어떤 점에서 끊어지지 않고 연결되어 있다는 것은 극한 값과 함숫값이 모두 존재하고 두 값이 같다는 것을 의미합니다. 또한 함수 $f(x)$가 어떤 구간의 모든 점에서 연속일 때, 그 구간에서 이 함수를 연속함수라고 합니다.

문제 함수 $f(x)=\begin{cases}\dfrac{x^2-4}{x-2} & (x\neq2)\\ 3 & (x=2)\end{cases}$ 이 $x=2$에서 연속인지 여부를 조사하세요.

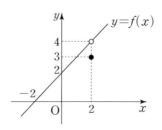

풀이 (1) $f(2)=3$

(2) $\displaystyle\lim_{x\to2}f(x)=\lim_{x\to2}\frac{x^2-4}{x-2}=\lim_{x\to2}\frac{(x+2)(x-2)}{x-2}$

$\qquad\qquad =\displaystyle\lim_{x\to2}(x+2)=4$

(3) $\displaystyle\lim_{x\to2}f(x)\neq f(2)$

따라서 함수 $f(x)$는 $x=2$에서 불연속입니다. 우리가 배운 일차함수, 이차함수는 모든 실수에 대해 연속입니다.

사잇값 정리

서로 다른 두 점 $(a, f(a))$, $(b, f(b))$을 잇는 연결된 곡선을 생각해봅시다. 함수 $f(x)$의 그래프의 일부라고 합시다. 구간 $[a, b]$에서 이 함수는 연속함수입니다.

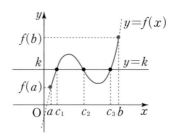

우리는 그래프를 통해 아주 당연한 사실을 알 수 있습니다. $f(a)$ 와 $f(b)$ 사이에 있는 임의의 값 k에 대하여 직선 $y=k$와 $y=f(x)$의 그래프가 적어도 한 점에서는 만난다는 것이죠. 이것을 사잇값 정리 라고 합니다. 조금 세련되게 정리하면 다음과 같습니다.

사잇값 정리

함수 $f(x)$가 $[a, b]$에서 연속이고 $f(a) \neq f(b)$이면, $f(a)$와 $f(b)$ 사이의 임의의 실수 k에 대하여, $f(c)=k$인 c가 a와 b 사이에 적어도 하나 존재한다.

사잇값 정리는 특히 방정식의 실근의 범위를 정할 때 매우 유용 하게 활용됩니다. 실근이 존재할 것이라고 예상되는 구간의 양 끝값 에서 함숫값이 부호가 다를 경우 그 사이에서 실근을 갖게 됩니다.

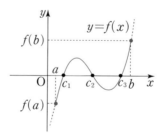

위 그림에서 확인할 수 있듯이 $y=f(x)$의 그래프는 연결되어 있고, $f(a)$는 음수이고, $f(b)$는 양수입니다. 사잇값 정리에 의해 $f(a)$와 $f(b)$ 사이에 있는 값 0에 대해 $f(x)=0$을 만족시키는

x값이 a와 b 사이에 적어도 하나 존재하겠죠? 그림에선 c_1, c_2, c_3가 존재하네요. 이 값들이 모두 방정식 $f(x)=0$의 실근입니다.

이처럼 사잇값 정리를 통해 실근이 존재하는 범위를 알 수 있습니다. 실근을 알기 위해선 방정식을 풀어야 하지만, 방정식 풀이가 매우 어려운 경우가 있습니다. 이때 x의 범위를 좁혀가면서 사잇값 정리를 반복 적용해 실근의 근삿값을 추론할 수 있습니다.

문제   사잇값 정리를 이용하여 삼차방정식 $x^3+2x-1=0$이 0과 1 사이에서 적어도 하나의 실근을 가짐을 보이세요.

풀이 $f(x)=x^3+2x-1$로 놓으면, 함수 $f(x)$는 $[0, 1]$에서 연속이고, $f(0)=-1<0, f(1)=2>0$이므로 사잇값 정리에 의하여 $f(c)=0$인 c가 0과 1사이에서 적어도 하나 존재합니다. 즉 삼차방정식 $x^3+2x-1=0$은 0과 1사이에서 적어도 하나의 실근을 갖습니다. 정확한 해는 모르지만, 실근이 존재하는 범위를 확인했다는 점에서 의미를 찾을 수 있겠습니다.

수열과 급수

(1) 수열 및 수열의 극한

$\dfrac{1}{n}$의 n에 자연수를 대입한 수를 나열해볼까요?

$1, \dfrac{1}{2}, \dfrac{1}{3}, \cdots$과 같은 수들이 나옵니다. 이와 같이 나열된 수들의

집합을 수열이라고 합니다. 앞의 수열은 나열된 수들의 규칙이 있습니다. $\frac{1}{n}$입니다. a_1이 첫째항, a_2가 두 번째 항, 일반적으로 n번째 항이 a_n인 수열에서 a_n을 일반항이라고 합니다. 위의 예에서는 $a_n = \frac{1}{n}$이 되겠네요. 수열을 표현할 때는 나열된 수 전체를 집합 기호로 써서 $\{a_n\}$으로 씁니다.

한편 항이 무한히 많은 수열 $\{a_n\}$에 대하여 $\lim\limits_{n \to \infty} a_n$이 일정한 값 L에 가까이 갈 때, L에 수렴한다고 하며, $\lim\limits_{n \to \infty} a_n = L$로 표현합니다. 예를 들면 수열 $\left\{\left(\frac{1}{2}\right)^n\right\}$에 대해 $\lim\limits_{n \to \infty}\left(\frac{1}{2}\right)^n = 0$입니다.

(2) 급수

수열 $\left\{\frac{1}{n}\right\}$에서 $1 + \frac{1}{2} + \frac{1}{3} + \cdots + \frac{1}{n} + \cdots$ 과 같이 수열 $\{a_n\}$의 각 항을 차례로 덧셈 기호 $+$를 사용하여 연결한 식 $a_1 + a_2 + a_3 + \cdots + a_n + \cdots$ 을 급수라고 하고, 이것을 기호 Σ를 사용해 $\sum\limits_{n=1}^{\infty} a_n$으로 나타냅니다.

(3) 급수의 수렴과 발산

급수 $\sum\limits_{n=1}^{\infty} a_n$의 수렴과 발산에 대하여 알아보겠습니다.

급수 $\sum\limits_{n=1}^{\infty} a_n = a_1 + a_2 + a_3 + \cdots + a_n + \cdots$에서 첫째 항부터 제$n$항까지의 합, 즉 $a_1 + a_2 + a_3 + \cdots + a_n = S_n$를 이 급수의 n항까지의 부분합이라고 합니다.

급수 $\sum\limits_{n=1}^{\infty}a_n$의 부분합 S_n에 대하여, 수열 S_1, S_2, S_3, $\cdots$ 이 일정한 값으로 수렴하면, 즉 $\lim\limits_{n\to\infty}S_n=S$일 경우에 급수 $\sum\limits_{n=1}^{\infty}a_n=a_1+a_2+a_3+\cdots+a_n+\cdots$가 S에 수렴한다고 합니다. 이 때 S를 급수의 합이라고 합니다. 급수가 수렴하지 않을 경우 급수는 발산한다고 합니다.

문제 급수 $\sum\limits_{n=1}^{\infty}\dfrac{1}{n(n+1)}$의 수렴과 발산을 조사하고, 수렴한다면 그 합을 구하세요.

풀이 주어진 급수의 제 n항까지의 부분합을 S_n이라고 하면,

$$\frac{1}{n(n+1)}=\frac{1}{n}-\frac{1}{n+1}\text{이므로}$$

$$S_n=\left(1-\frac{1}{2}\right)+\left(\frac{1}{2}-\frac{1}{3}\right)+\left(\frac{1}{3}-\frac{1}{4}\right)+\cdots+\left(\frac{1}{n}-\frac{1}{n+1}\right)$$

$$=1-\frac{1}{n+1}\text{ 입니다.}$$

따라서 $\lim\limits_{n\to\infty}S_n=\lim\limits_{n\to\infty}\left(1-\dfrac{1}{n+1}\right)=1$이므로

급수 $\sum\limits_{n=1}^{\infty}\dfrac{1}{n(n+1)}$은 수렴하고, 그 값은 1입니다.

급수의 수렴 발산 판정은 어렵습니다. 그런데 수렴하는 값을 특정짓는 것은 더 어렵습니다.

등비급수 정도에서 정확한 극한값을 알 수 있을 뿐입니다. 등비수열과 등비급수에 대해 알아봅시다.

(4) 등비수열

수열 $\{a_n\}$에서 모든 항 사이의 비가 일정한 수열을 등비수열이라고 합니다. 예를 들어 수열 $\{2^n\}$을 봅시다. 항들이 2, 4, 8, 16, … 으로 나타나지요. 모든 항 사이의 비가 2입니다. 즉 앞의 항에 곱하기 2를 하면 바로 뒤의 항을 얻을 수 있지요. 이 숫자를 공비라고 합니다.

등비수열의 일반항 a_n는 첫째항 a와 공비 r을 이용해 간단히 $a_n = ar^{n-1}$로 표현할 수 있습니다. 위에서 예로 든 등비수열은 첫째항과 공비가 모두 2이기 때문에 $a_n = 2 \cdot 2^{n-1} = 2^n$이지요.

첫째항부터 n항까지의 등비수열의 합은 다음과 같이 구합니다.

$$S_n = a + ar + ar^2 + \cdots + ar^{n-1} \qquad \cdots\cdots (1)$$

$$rS_n = \quad ar + ar^2 + \cdots + ar^{n-1} + ar^n \qquad \cdots\cdots (2)$$

이므로 (1)−(2)를 하면,

$$(1-r)S_n = a(1-r^n)$$

$$\therefore S_n = \frac{a(1-r^n)}{1-r} \ (\text{단 } r=1\text{이면, } S_n = a + a + \cdots + a = na)$$

(5) 등비급수

첫째항이 $a(a \neq 0)$, 공비가 r인 등비수열 $\{ar^{n-1}\}$의 각 항을 덧셈 기호 +로 연결하여 얻은 급수 $\sum\limits_{n=1}^{\infty} ar^{n-1} = a + ar + ar^2 + \cdots + ar^{n-1}$ +⋯ 을 첫째항이 a, 공비가 r인 등비급수라고 합니다.

이제 등비급수 $\sum\limits_{n=1}^{\infty} ar^{n-1}$의 수렴과 발산에 대해 알아보겠습니다. 이 등비급수의 첫째항부터 제 n항까지의 부분합을 S_n이라고 하면,

$$r \neq 1일 때, S_n = \frac{a(1-r^n)}{1-r}$$

$$r = 1일 때, S_n = a + a + \cdots + a = na$$

이므로 r의 값에 따른 등비급수 $\sum\limits_{n=1}^{\infty} ar^{n-1}$의 수렴과 발산은 r의 값이 $|r| < 1$인지 여부에 따라 결정됩니다.

등비수열 $\{a_n\}$에서 공비의 범위가 $|r| < 1$일 경우에

$$\sum_{n=1}^{\infty} a_n = \lim_{n \to \infty} S_n = \lim_{n \to \infty} \frac{a(1-r^n)}{1-r} = \frac{a}{1-r}$$ 입니다.

문제 $1 + \dfrac{1}{3} + \dfrac{1}{9} + \dfrac{1}{27} + \dfrac{1}{81} + \cdots$ 의 합을 구하세요.

풀이 수열 $\left\{\left(\dfrac{1}{3}\right)^{n-1}\right\}$의 첫째항이 1, 공비가 $\dfrac{1}{3}$이므로,

주어진 급수는 수렴하고, 그 값은 $\dfrac{1}{1-\dfrac{1}{3}} = \dfrac{3}{2}$입니다.

문제 등비급수의 합을 구하는 방법을 이용해 순환소수 $0.9999 \cdots = 1$임을 설명하세요.

풀이 $0.9999 \cdots = 0.9 + 0.09 + 0.009 + \cdots$

$$= \frac{9}{10} + \frac{9}{100} + \frac{9}{1000} + \cdots \text{ 이므로}$$

순환소수 $0.9999 \cdots$ 는 첫째항이 $\dfrac{9}{10}$이고, 공비가 $\dfrac{1}{10}$인 등비급수의 합과 같습니다.

즉, $0.9999 \cdots = \dfrac{\dfrac{9}{10}}{1-\dfrac{1}{10}} = 1$입니다.

수학 교과서에서 한 걸음 더 나아가기

자연수의 역수의 합, 제곱의 역수의 합을 살펴보겠습니다. 결론부터 알아보면 다음과 같습니다.

$$\sum_{n=1}^{\infty}\frac{1}{n}=\frac{1}{1}+\frac{1}{2}+\frac{1}{3}+\frac{1}{4}+\frac{1}{5}+\cdots=\infty$$

$$\sum_{n=1}^{\infty}\frac{1}{n^2}=\frac{1}{1^2}+\frac{1}{2^2}+\frac{1}{3^2}+\frac{1}{4^2}+\frac{1}{5^2}+\cdots=\frac{\pi^2}{6}$$

자연수의 역수의 합

모든 자연수의 역수의 합은 어떤 값에 수렴하지 않고 무한대로 발산합니다. 발산하는 급수보다 더 클 경우에는 발산한다는 성질을 이용해 증명할 수 있습니다.

$$\sum_{n=1}^{\infty}\frac{1}{n}=\frac{1}{1}+\frac{1}{2}+\frac{1}{3}+\frac{1}{4}+\frac{1}{5}+\frac{1}{6}+\frac{1}{7}+\frac{1}{8}+\frac{1}{9}+\cdots$$

$$=\frac{1}{1}+\frac{1}{2}+\left(\frac{1}{3}+\frac{1}{4}\right)+\left(\frac{1}{5}+\frac{1}{6}+\frac{1}{7}+\frac{1}{8}\right)+\cdots$$

$$>\frac{1}{1}+\frac{1}{2}+\left(\frac{1}{4}+\frac{1}{4}\right)+\left(\frac{1}{8}+\frac{1}{8}+\frac{1}{8}+\frac{1}{8}\right)+\cdots$$

$$=1+\frac{1}{2}+\frac{1}{2}+\frac{1}{2}+\cdots=\infty$$

위의 식에서 자연수의 역수의 합은 발산하는 급수의 합보다 크니 곧 발산합니다.

자연수의 제곱의 역수의 합

그렇다면 자연수의 제곱의 역수의 합은 어떨까요?

$$\sum_{n=1}^{\infty}\frac{1}{n^2}=\frac{1}{1^2}+\frac{1}{2^2}+\frac{1}{3^2}+\frac{1}{4^2}+\frac{1}{5^2}+\cdots$$

위 급수가 수렴한다는 것은 오래전부터 알려져 있었습니다. 앞의 자연수의 역수의 합이 발산한다는 증명을 조금 변형하면 간단하게 확인할 수 있습니다.

$$
\begin{aligned}
\sum_{n=1}^{\infty}\frac{1}{n^2}&=\frac{1}{1^2}+\frac{1}{2^2}+\frac{1}{3^2}+\frac{1}{4^2}+\frac{1}{5^2}+\cdots\\
&<\frac{1}{1}+\frac{1}{1\cdot2}+\frac{1}{2\cdot3}+\frac{1}{3\cdot4}+\frac{1}{4\cdot5}+\cdots\\
&=1+\sum_{n=1}^{\infty}\frac{1}{n(n+1)}\\
&=1+1\\
&=2
\end{aligned}
$$

(참고로, $\sum_{n=1}^{\infty}\dfrac{1}{n(n+1)}=1$이 된다는 것은 앞에서 살펴봤습니다.)

위의 결론에 의해 $\sum_{n=1}^{\infty}\dfrac{1}{n^2}$의 합은 2보다 작다는 것을 알 수 있습니다. 정확한 값은 모르지만 무한대로 발산하지 않고 수렴한다는 것이죠. 오일러에 의해 이 값이 밝혀졌습니다. 오일러는 삼각함수를 이용해 이 값이 무리수인 $\dfrac{\pi^2}{6}$이 된다는 것을 증명했습니다.

수학 문제 해결

문제 극한값 $\lim\limits_{x \to \infty} \dfrac{2x^2-1}{x^2+x+1}$ 을 구하세요.

풀이 $\lim\limits_{x \to \infty} \dfrac{2x^2-1}{x^2+x+1} = \lim\limits_{x \to \infty} \dfrac{2 - \dfrac{1}{x^2}}{1 + \dfrac{1}{x} + \dfrac{1}{x^2}} = 2$입니다.

유리함수의 극한에서 분자와 분모의 차수가 같다면, 차수가 가장 큰 항만 비교하면 됩니다. 그 아래 차수의 항들은 극한값에 영향을 주지 못합니다. 비슷한 예로 다항식 $f(x)$가 $\lim\limits_{x \to \infty} \dfrac{f(x)}{x^3} = 2$를 만족시킨다고 할 때, $f(x)$는 최고차항의 계수가 2 인 삼차식이 됩니다.

수학 발견술 1 **차수가 가장 큰 항만 비교하라.**

문제 다음의 〔그림 1〕은 넓이가 2인 정사각형을 반으로 나누어 그중 한 직각이등변삼각형을 색칠한 것입니다. 〔그림 2〕는 〔그림 1〕 에서 남은 부분을 반으로 나누어 그중 한 직각이등변삼각형을 색칠한 것입니다. 이와 같은 과정을 무한히 반복한다고 할 때, 색칠된 모든 직각이등변삼각형의 넓이의 합을 구하세요.

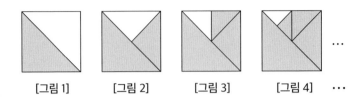

[그림 1]   [그림 2]   [그림 3]   [그림 4]   ⋯

풀이 정사각형의 넓이가 2이므로, 모든 직각이등변삼각형의 넓이를 다 더하면 2가 될 것입니다. 급수를 이용해 확인하면 다음과 같습니다.

[그림 1]의 색칠된 직각이등변삼각형의 넓이는 1

[그림 2]의 색칠된 직각이등변삼각형의 넓이는 $1+\dfrac{1}{2}$

[그림 3]의 색칠된 직각이등변삼각형의 넓이는 $1+\dfrac{1}{2}+\dfrac{1}{4}$

[그림 4]의 색칠된 직각이등변삼각형의 넓이는

$$1+\dfrac{1}{2}+\dfrac{1}{4}+\dfrac{1}{8}$$

이 과정을 무한히 반복한다고 할 때,

색칠된 모든 직각이등변삼각형의 넓이의 합은

$$1+\dfrac{1}{2}+\dfrac{1}{4}+\dfrac{1}{8}+\cdots=\dfrac{1}{1-\dfrac{1}{2}}=2$$입니다.

수학 발견술 2 닮은 도형이 반복된 경우에는 등비급수의 합을 구하는 공식을 이용한다. 첫째항과 공비만 알면 된다.

수학 감성

반복되는 패턴과 무한의 신비

크기나 모양이 줄어들면서 반복되는 패턴을 그리는 도형의 변의 길이나 넓이는 등비급수를 이용해 구할 수 있습니다. 또한 구조에 일정한 패턴이 있는 수의 표현에서도 극한의 개념이 이용됩니다. 다음의 예를 통해 알아볼까요?

문제 $\sqrt{2\sqrt{2\sqrt{2\sqrt{2\sqrt{2\cdots}}}}}$ 는 어떤 수에 가까워질까요?

풀이 수열 $\{a_n\}$이 $\sqrt{2}$, $\sqrt{2\sqrt{2}}$, $\sqrt{2\sqrt{2\sqrt{2}}}$, $\sqrt{2\sqrt{2\sqrt{2\sqrt{2}}}}$, $\cdots$일 때, 수열 $\{a_n\}$의 극한값을 구해보겠습니다.

a_1, a_2, a_3, $\cdots$ 을 2의 거듭제곱의 꼴로 나타내면

$a_1 = \sqrt{2}$, $a_2 = \sqrt{2\sqrt{2}} = \sqrt{2} \times \sqrt{\sqrt{2}} = 2^{\frac{1}{2}+\frac{1}{4}}$,

$a_3 = \sqrt{2\sqrt{2\sqrt{2}}} = \sqrt{2} \times \sqrt{\sqrt{2}} \times \sqrt{\sqrt{\sqrt{2}}} = 2^{\frac{1}{2}+\frac{1}{4}+\frac{1}{8}}\cdots$

이므로 일반항 a_n을 2의 거듭제곱의 꼴로 나타내면

$a_n = 2^{\frac{1}{2}+\frac{1}{4}+\frac{1}{8}+\cdots+\frac{1}{2^n}}$

이때 등비급수 $\sum\limits_{n=1}^{\infty}\left(\dfrac{1}{2}\right)^n$의 합을 구하면, $\dfrac{\frac{1}{2}}{1-\frac{1}{2}}=1$이므로

$\lim\limits_{n\to\infty}a_n = 2^1 = 2$

따라서 $\sqrt{2\sqrt{2\sqrt{2\sqrt{2\cdots}}}}$ 는 2에 가까워집니다.

어떤 값 X에 가까워 진다는 것이 알려져 있다면(수렴한다면), 다음과 같은 풀이도 가능합니다.

$\sqrt{2\sqrt{2\sqrt{2\cdots}}} = X$ 라고 한다면 $\sqrt{2X} = X$ 가 되며 이 방정식을 풀면 됩니다. 양변을 제곱해 풀면 $2X = X^2$, $X^2 - 2X = 0$, $X = 0$ 또는 $X = 2$입니다. $X = 2$가 적합하겠지요.

1%의 원리

극한을 공부하다 보면 작은 변화가 불러오는 놀라운 성장을 확인할 수 있습니다. 1년은 365일입니다. 나의 지금의 상태가 a이고 매일 1%씩 성장한다고 해봅시다. 그럼 내일은 내 상태가 $(1.01)a$가 됩니다. 이튿날은 $(1.01)^2 a$, 한달이 지나면 $(1.01)^{30}a$가 되어 있겠네요. 1년 후엔 $(1.01)^{365}a = 37.8a$입니다. 1년 뒤에 무려 37.8배 성장한 것입니다. 반대의 경우는 $(0.99)^{365}a = 0.03a$입니다. 1%씩 줄어들면, 처음의 상태가 100이었다면, 1년 뒤엔 3으로 줄어듭니다.

만일 매 순간 성장한다면 어떻게 될까요? 시간을 1년 365일이 아닌 매 순간으로 보는 것입니다. 365가 아닌 상당히 큰 수가 들어가겠네요. 극한으로 생각해보겠습니다.

$$\lim_{n \to \infty}(1.01)^n = \infty$$

우리가 매 순간 1%씩만 성장한다면, 언젠가는 무한히 성장할 수 있습니다. 반대는 $\lim\limits_{n \to \infty}(0.99)^n = 0$입니다. 그렇다면 지금 이 순간 우리는 어떤 선택을 해야 할까요?

7일차

미분

밑바닥에서 힘차게 올라가라

오늘이 고통스럽고, 또 내일이 더 고통스러워도
모레는 아름다울 것이다.
사람들은 모레의 빛나는 태양을 보지 못한 채,
내일 밤에 포기해 버린다.
— 마윈

들어가기

르네상스 이후 유럽 사회에서는 자본주의가 성장하기 시작했고, 산업혁명을 거치면서 기존의 수학은 점차 한계를 보였습니다. 새로운 기계의 운동을 연구해야 했으며, 운동하는 물체의 특정한 상황에서의 속도, 드넓은 바다를 항해하는 선박의 위치를 정확히 측정하는 방법이 필요했습니다. 고대 그리스 수학과는 다른 새로운 수학이 필요했습니다. 특히 그 당시 발전한 천문학의 여러 문제(행성의 운동 및 타원궤도)를 설명할 수 있는 정확한 계산법이 필요했습니다.

　변화 현상을 기술하고 수학적으로 분석하는 미분학의 발전은 17세기에 이르러 많은 학자의 노력에 의해 이루어졌습니다. 특히 영국의 물리학자이자 수학자였던 아이작 뉴턴과 독일의 철학자이자 수학자였던 고트프리드 빌헬름 라이프니츠가 미적분학 이론의 초창기 연구에 크게 기여했습니다. 오늘날까지도 미분은 자연 과학, 공학, 경제학 등의 여러 분야에서 활용되고 있습니다.

이번 강의에서는 미분계수와 도함수, 접선의 방정식, 평균값 정리, 속도와 가속도를 알아보겠습니다.

수학 교과서로 배우는 최소한의 수학 지식

평균변화율

평균변화율은 함수 $y=f(x)$에서 x값의 변화량에 대한 y값의 변화량의 비율입니다.

함수 $y=f(x)$에서 x의 값이 a에서 b까지 변할 때, y의 값은 $f(a)$에서 $f(b)$까지 변합니다. 이때, 각각의 변화량 $b-a$를 Δx라고 나타내고, $f(b)-f(a)$를 Δy라고 나타냅니다. Δ는 차를 나타내는 영어 단어 Difference의 첫 글자 D에 해당하는 그리스 문자이며, '델타'라고 읽습니다.

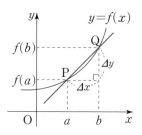

여기서 $\dfrac{\varDelta y}{\varDelta x}=\dfrac{f(b)-f(a)}{b-a}=\dfrac{f(a+\varDelta x)-f(a)}{\varDelta x}$ 를 x의 값이

a에서 b까지 변할 때의 함수 $f(x)$의 평균변화율이라고 합니다.

함수 $f(x)$의 평균변화율은 함수의 그래프 위의 두 점 $P(a, f(a))$ 와 $Q(b, f(b))$를 지나는 직선의 기울기와 같습니다.

순간변화율과 미분계수

순간변화율은 평균변화율의 극한값으로 정의됩니다.

함수 $y=f(x)$에서 x의 값이 a에서 $a+\varDelta x$까지 변할 때의 평균

변화율은 $\dfrac{\varDelta y}{\varDelta x}=\dfrac{f(a+\varDelta x)-f(a)}{\varDelta x}$ 입니다. 여기서 $\varDelta x \to 0$일 때

이 평균변화율의 극한값 $\displaystyle\lim_{\varDelta x\to 0}\dfrac{\varDelta y}{\varDelta x}=\lim_{\varDelta x\to 0}\dfrac{f(a+\varDelta x)-f(a)}{\varDelta x}$ 을 순간

변화율이라고 합니다. 물론 이 극한값이 존재해야 합니다. 극한값이 존재할 때 함수 $y=f(x)$는 $x=a$에서 미분 가능하다고 하며, 극한값을 함수 $y=f(x)$의 $x=a$에서의 미분계수라고 합니다. 순간변화율 또는 미분계수를 기호 $f'(a)$로 나타냅니다.

함수 $f(x)$가 정의역에 속하는 모든 x에서 미분 가능하면 함수 $f(x)$는 미분 가능한 함수라고 합니다.

한편 $f'(a) = \lim\limits_{\Delta x \to 0} \dfrac{f(a+\Delta x)-f(a)}{\Delta x}$에서 $a+\Delta x = x$라고 하면 $\Delta x = x-a$이고, $\Delta x \to 0$일 때 $x \to a$이므로 미분계수 $f'(a)$를

$$f'(a) = \lim\limits_{x \to a} \dfrac{f(x)-f(a)}{x-a}$$ 로도 나타낼 수 있습니다.

이상을 정리하면 다음과 같습니다.

미분계수

함수 $y = f(x)$의 $x = a$에서의 미분계수는

$$f'(a) = \lim\limits_{\Delta x \to 0} \dfrac{f(a+\Delta x)-f(a)}{\Delta x} = \lim\limits_{x \to a} \dfrac{f(x)-f(a)}{x-a}$$

문제 함수 $f(x) = x^2 - x$의 $x = 1$에서의 미분계수를 구하세요.

풀이1
$$\begin{aligned}
f'(1) &= \lim\limits_{\Delta x \to 0} \dfrac{f(1+\Delta x)-f(1)}{\Delta x}\\
&= \lim\limits_{\Delta x \to 0} \dfrac{\{(1+\Delta x)^2-(1+\Delta x)\}-(1^2-1)\}}{\Delta x}\\
&= \lim\limits_{\Delta x \to 0} \dfrac{\Delta x+(\Delta x)^2}{\Delta x} = \lim\limits_{\Delta x \to 0}(1+\Delta x) = 1
\end{aligned}$$

풀이2
$$\begin{aligned}
f'(1) &= \lim\limits_{x \to 1} \dfrac{f(x)-f(1)}{x-1} = \lim\limits_{x \to 1} \dfrac{(x^2-x)-(1^2-1)}{x-1}\\
&= \lim\limits_{x \to 1} \dfrac{x(x-1)}{x-1} = \lim\limits_{x \to 1} x = 1
\end{aligned}$$

미분계수의 기하학적 의미

함수 $y=f(x)$의 미분계수 $f'(a)$가 존재한다고 합시다. 함수 $y=f(x)$에서 x의 값이 a에서 $a+\Delta x$까지 변할 때의 평균변화율은 두 점 $P(a, f(a))$, $Q(a+\Delta x, f(a+\Delta x))$를 지나는 직선 PQ의 기울기와 같습니다.

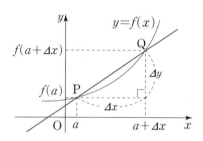

이제 $\Delta x \to 0$이면, 그림 상에서 점 Q가 점 P로 점점 가까워집니다. 점 P와 Q를 잇는 여러 개의 직선 $\overleftrightarrow{PQ}$를 확인할 수 있습니다.

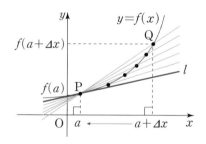

이 직선들은 결국 점 P에서의 접선 l에 수렴하며, 기울기 $\left(\dfrac{y의\ 변화량}{x의\ 변화량}\right)$는 점점 직선 l의 기울기에 가까워집니다. 이때 직선의 기울기는 점 P에서의 접선 l의 기울기가 됩니다.

이 접선의 기울기의 값이 곧 점 a에서의 미분계수의 기하학적 의미입니다.

미분계수의 기하학적 의미

함수 $f(x)$의 $x=a$에서 미분계수 $f'(a)$는 곡선 $y=f(x)$ 위의 점 $(a, f(a))$에서의 접선의 기울기와 같다.

도함수

함수 $y=f(x)$가 정의역에 속하는 모든 x에서 미분 가능할 때, 정의역에 속하는 각 x에 미분계수 $f'(x)$를 대응시키면 새로운 함수 $f'(x)=\lim\limits_{\Delta x \to 0}\dfrac{f(x+\Delta x)-f(x)}{\Delta x}$를 얻을 수 있습니다.

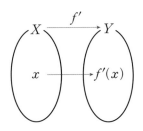

이 함수를 $y=f(x)$의 도함수라고 하고, 기호로 $f'(x), y', \dfrac{dy}{dx}$와 같이 나타냅니다. 여기서 $\dfrac{dy}{dx}$는 분수가 아니라 y를 x에 대해 미분한다는 기호입니다. '디와이디엑스'로 읽습니다.

함수 $y=f(x)$의 도함수 $f'(x)$를 구하는 것을 함수 $f(x)$를 x에 대하여 미분한다고 하며, 그 계산법을 미분법이라고 합니다. 미분계수 $f'(a)$는 도함수 $f'(x)$에 $x=a$를 대입한 것입니다.

미분 가능한 함수 $y=f(x)$의 도함수는

$$f'(x)=\lim_{\Delta x \to 0}\frac{f(x+\Delta x)-f(x)}{\Delta x}$$

문제 함수 $f(x)=2x^2$의 도함수를 구하고, 도함수를 이용해 $f'(2)$를 구하세요.

풀이
$$\begin{aligned}
f'(x)&=\lim_{\Delta x \to 0}\frac{f(x+\Delta x)-f(x)}{\Delta x}\\
&=\lim_{\Delta x \to 0}\frac{2(x+\Delta x)^2-2x^2}{\Delta x}\\
&=\lim_{\Delta x \to 0}(4x+2\Delta x)\\
&=4x
\end{aligned}$$

이며, $f'(2)=4\times 2=8$

미분법

함수 $f(x)=x^n$(n은 자연수)의 미분법을 공식으로 알아둡시다. 먼저 $f(x)=x^2$의 도함수는 다음과 같습니다.

$$f'(x) = \lim_{\Delta x \to 0} \frac{f(x+\Delta x) - f(x)}{\Delta x}$$

$$= \lim_{\Delta x \to 0} \frac{(x+\Delta x)^2 - x^2}{\Delta x}$$

$$= \lim_{\Delta x \to 0} \frac{\{(x+\Delta x)+x\}\{(x+\Delta x)-x\}}{\Delta x}$$

$$= \lim_{\Delta x \to 0} (2x + \Delta x)$$

$$= 2x$$

n이 3 이상의 자연수일 때 동일한 방법으로 도함수를 구할 수 있으며, 일반적으로 $f(x) = x^n$(n은 자연수)의 도함수는 $f'(x) = nx^{n-1}$입니다. 단 상수함수 $f(x) = c$의 도함수는 $f'(x) = 0$입니다.

$$(x^n)' = nx^{n-1}$$

다항함수를 미분하면 차수가 하나 줄어들게 되는 것이죠. 예를 들어 이차함수 $f(x) = x^2 - 3x + 2$를 미분하면, $f'(x) = 2x - 3$이 됩니다. 차수가 하나 내려갑니다. 일차함수가 되었네요. 도함수에 $x = a$값을 대입하면, $f'(a)$가 점 a에서의 미분계수가 됩니다.

예를 들어 함수 $f(x) = x^2 - 3x + 2$의 $x = 2$에서의 미분계수는 $f'(2) = 2 \times 2 - 3 = 1$, 즉 1입니다. 미분법을 활용하면 미분계수를 간단하게 구할 수 있습니다.

문제 곡선 $y=x^2+x$ 위의 점 $(1, 2)$에서의 접선의 방정식을 구하세요.

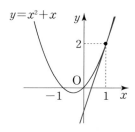

풀이 가) 접선의 기울기 구하기

$f(x)=x^2+x$로 놓으면, $f'(x)=2x+1$이므로

점 $(1, 2)$에서의 접선의 기울기는 $f'(1)=3$

나) 접선의 방정식 구하기

점 $(1, 2)$에서의 접선의 기울기가 3이므로

구하는 접선의 방정식은 $y-2=3(x-1)$

즉, $y=3x-1$

평균값 정리

다음 그림은 어느 날의 설악산과 지리산의 기온을 조사해 나타낸 그래프입니다. 다음 세 가지 사실을 확인해보겠습니다.

　가) 오전 10시부터 12시까지 기온의 평균변화율이 더 큰 산은 지리산입니다.

　나) 오전 10시에 기온의 순간변화율이 더 큰 산은 설악산입니다.

다) 0시부터 오전 10시까지 평균변화율의 값과 같은 순간변화
율을 갖는 시각이 0시와 10시 사이에 있습니다. 두 그래프의
기울기는 각각 연속적으로 변하기 때문에 평균변화율과 같은
순간변화율을 갖는 시각이 0시와 10시 사이에 하나씩 존재
하게 됩니다.

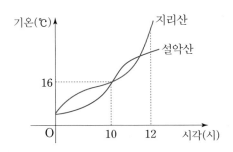

위의 다)에서 평균값 정리의 핵심 내용을 살펴볼 수 있습니다.
평균값 정리는 평균변화율과 같은 순간변화율이 존재한다는 것을
보여줍니다.

함수 $f(x)$가 $[a, b]$에서 연속이고 (a, b)에서 미분 가능할 때,

$$\frac{f(b)-f(a)}{b-a}=f'(c)$$

인 c가 a와 b 사이에 적어도 한 개 존재한다.

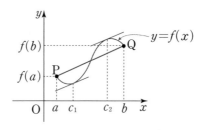

위 그림에서 점 P와 Q의 평균변화율은 선분 PQ의 기울기이며, 기울기가 같은 접선 두 개를 확인할 수 있습니다.이 접선의 기울기가 바로 순간변화율이지요. 접점의 x좌표인 c_1, c_2가 a와 b 사이에 존재합니다.

롤의 정리는 평균값 정리의 매우 특별한 경우를 보여줍니다. 두 점의 함숫값이 같은 경우, 즉 평균변화율이 0일 때의 평균값 정리입니다.

롤의 정리

함수 $f(x)$가 $[a, b]$에서 연속이고 (a, b)에서 미분 가능할 때 $f(a)=f(b)$이면, $f'(c)=0$인 c가 a와 b 사이에 적어도 하나 존재한다.

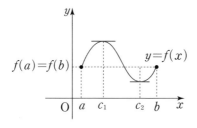

문제 함수 $f(x)=x^2-2x$일 때 $[0,3]$에서 평균값 정리를 만족시키는 상수 c의 값을 구하세요.

풀이 함수 $f(x)=x^2-2x$는 미분 가능한 함수이므로 평균값 정리에 따라 $[0,3]$에서의 평균변화율과 순간변화율이 같은 지점이 0과 3 사이에 존재합니다.

즉 $\dfrac{f(3)-f(0)}{3-0}=f'(c)$인 c가 0과 3 사이에 존재합니다.

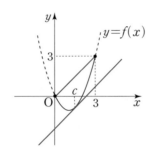

평균변화율은 $\dfrac{f(3)-f(0)}{3-0}=\dfrac{3}{3}=1$이고

$f'(x)=2x-2$에서 $f'(c)=2c-2$이므로

$2c-2=1,\ 2c=3,\ c=\dfrac{3}{2}$

수학 교과서에서 한 걸음 더 나아가기

평균속도와 순간속도

수직선 위를 앞뒤 방향으로만 움직이는 점 P의 시각 t에서의 위치는 하나의 점으로 나타낼 수 있습니다. 이 점 x는 t에 대한 함수이므로 위치를 $x(t)$와 같이 나타낼 수 있습니다. 시각이 t에서 $t+\varDelta t$까지 변할 때의 점 P의 평균속도는 $\dfrac{\varDelta x}{\varDelta t}=\dfrac{x(t+\varDelta t)-x(t)}{\varDelta t}$입니다.

이것은 함수 $x(t)$의 평균변화율과 같습니다.

또한 시각 t에서의 함수 $x(t)$의 순간변화율이 (순간)속도 $v(t)$ 입니다.

$$v(t)=\lim_{\varDelta t\to 0}\frac{\varDelta x}{\varDelta t}=\lim_{\varDelta t\to 0}\frac{x(t+\varDelta t)-x(t)}{\varDelta t}=x'(t)$$

한편 점 P의 속도 v는 시각 t에 대한 함수이므로 시각 t에서 속도 v의 순간변화율을 생각할 수 있는데, 이 순간변화율이 가속도 $a(t)$입니다.

$$a(t)=\lim_{\varDelta t\to 0}\frac{\varDelta v}{\varDelta t}=\lim_{\varDelta t\to 0}\frac{v(t+\varDelta t)-v(t)}{\varDelta t}=v'(t)=x''(t)$$

여러 번 미분할 수 있는 함수가 있습니다. 어떤 함수 $f(x)$를 두 번 미분하면 이계도함수를 얻을 수 있는데, 기호 $f''(x)$로 씁니다. 가속도 함수는 위치함수의 이계도함수인데, 물리학에서 가속도는 힘과 관련되어 있습니다.

위치, 속도, 가속도의 관계

수직선 위를 움직이는 점 P의 시각 t에서의 위치가 $x(t)$일 때 점 P의 시각 t에서의 속도 $v(t)$와 가속도 $a(t)$는 $v(t)=x'(t)$, $a(t)=v'(t)=x''(t)$

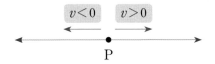

참고로 수직선 위를 움직이는 점 P의 운동방향은 속도가 양수일 때 양의 방향이고, 음수일 때 음의 방향입니다.

문제 높이가 200 m인 지점에서 물체를 떨어뜨릴 때 t초 후의 지상 으로부터 물체까지의 높이를 $f(t)$ m라고 하면,

$f(t)=200-4.9t^2$인 관계가 성립한다고 합니다.

이 물체의 t초 후의 속도와 가속도를 구하세요.

풀이 속도는 $v(t)=f'(t)=-9.8t$이고

가속도는 $a(t)=f''(t)=v'(t)=-9.8$(중력가속도)입니다.

참고로 시각 t가 구체적으로 주어질 때 $v(t)=f'(t)=-9.8t$의

t에 그 값을 대입하면 t초 후의 속도를 구할 수 있습니다.

땅으로 떨어지는 방향이므로 속도의 부호는 $-$ 입니다.

한편 중력가속도는 지표면 부근 어디에서나 동일한 값

$-9.8\,\mathrm{m/s}^2$입니다.

수학 문제 해결

문제   30 m/s의 속도로 지면에서 위로 던져 올린 공의 t초 후의 높이 x m는 $x = 30t - 5t^2$이라고 합니다. 이 공이 도달하는 최고 높이를 구하세요(단 $0 < t < 6$).

풀이   함수 $x(t) = 30t - 5t^2$를 t에 대해 미분하면 $x'(t) = 30 - 10t$ 이며, $t = 3$에서 미분계수는 $x'(3) = 0$이 됩니다.
따라서 이 공은 3초 뒤 최고 높이에 도달하며, 그 높이는
$x(3) = 30 \times 3 - 5 \times 3^2 = 45 (\mathrm{m})$입니다. 참고로 이차함수는 꼭짓점에서 접선의 기울기가 0(미분계수가 0)입니다.

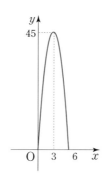

    중학교 수학에서는 최고 높이를 구하기 위해서 이차함수를 표준형으로 바꾸고 꼭짓점의 좌표를 찾아야 했습니다. 하지만, 이차방정식의 꼭짓점 개념을 미분 계수의 개념으로도 이해할 수 있었습니다.

문제 곡선 $y=x^2+3x$와 직선 $y=x+k$가 접할 때, 상수 k를 구하세요.

풀이 직선 $y=x+k$의 기울기는 언제나 1로 일정하므로 곡선 $y=x^2+3x$와의 접선의 기울기가 1입니다.
함수 $y=x^2+3x$를 미분하면 $y'=2x+3$이며, $x=-1$일 때, y'의 값(기울기)이 1이 됩니다.

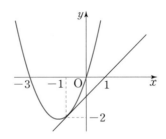

직선과 곡선은 $x=-1$에서 함숫값이 같습니다. 곡선에서 함숫값을 찾으면 $(-1)^2+3\times(-1)=-2$입니다. 접점의 좌표는 $(-1,\ -2)$이며, 따라서 $-2=-1+k$입니다. 그러므로 $k=-1$입니다.

미분의 개념을 모르면 문제를 풀 때 판별식을 이용해야 합니다. 하지만 미분계수를 통해 이 문제를 더 간단하게 풀 수 있습니다. 함수와 관련된 문제의 해결 과정에서 미분을 할 경우 훨씬 간단하게 정리되는 경우가 많습니다. 항상 미분해보는 습관을 가져보기 바랍니다.

문제   함수 $y=f(x)$의 그래프가 다음 그림과 같을 때 $\dfrac{f(b)-f(a)}{b-a}$, $f'(a), f'(b)$이 세 값을 작은 것부터 차례로 나열하세요.

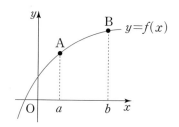

풀이   위 그림에서 $y=f(x)$의 그래프와 두 점선이 만나는 점을 각각 A, B라고 하면, $\dfrac{f(b)-f(a)}{b-a}$ 는 평균변화율을 의미하며 점 A 와 B를 잇는 직선의 기울기입니다. 한편 $f'(a), f'(b)$는 각각 점 A와 B에서의 순간변화율로서 접선의 기울기를 의미합니다. 따라서 기울기 값이 작은 것부터 나열하면

$$f'(b), \ \dfrac{f(b)-f(a)}{b-a}, \ f'(a)$$ 입니다.

수학 감성

과속 단속 카메라와 평균값의 정리

제한 속도가 시속 80 km인 어떤 도로가 있습니다. 이 도로에서 달리는 자동차는 어느 순간에라도 시속 80 km를 초과해 달리면 안 된다고 합니다. 이 도로의 한 지점에서 출발한 자동차가 30분을 쉬지 않고 달려서 50 km를 이동한 후 정지했습니다. 이 자동차가 30분을 이동하는 동안 운전자가 제한 속도를 지켰을까요?

평균값 정리는 평균속도와 같은 순간속도가 있다는 것을 우리에게 알려줍니다. 30분을 달려 50 km를 갔다면, 평균속도는 시속 100 km입니다. 평균값 정리는 달리는 도중 분명히 시속 100 km로 달린 순간이 적어도 한 번은 있었다는 사실을 말해줍니다. 이 운전자는 속도위반을 했습니다.

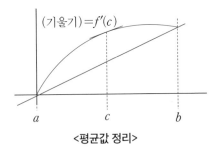

<평균값 정리>

위 그림을 보시죠. 파란색 선분의 기울기와 같은 회색 선분이 보이시죠. 파란색 선분의 기울기는 a에서 b까지의 곡선 전체의 평균

변화율을 의미하며, 회색 직선의 기울기는 어떤 순간 c에서의 순간 변화율을 의미합니다. 두 직선의 기울기가 같습니다.

힘이 가장 약할 때와 강할 때

미분은 변화를 설명하는 수학 개념입니다. 우리 주변엔 수많은 현상들이 있고, 이 현상들은 변합니다. 도함수는 함수에 대한 많은 정보를 담고 있기 때문에 도함수를 통해 함수를 해석할 수 있습니다.

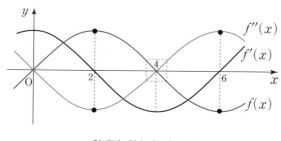

<최댓값, 최솟값, 변곡점>

위의 그림에서 파란색 그래프가 함수의 그래프, 검은색 그래프가 미분한 함수, 즉 도함수의 그래프입니다. 검은색 그래프만 있어도 파란색 그래프에서 위로 볼록한 부분과 아래로 볼록한 부분을 알 수 있습니다. 검은색 곡선이 x축을 통과하는 지점에서 파란색 곡선은 볼록한 부분을 갖기 때문입니다. x축 위에서 아래로 통과하는 곳($x=2$)에서 위로 볼록이고, x축 아래에서 위로 통과하는 곳($x=6$)

에서 아래로 볼록합니다.

또한 검은색 그래프가 위로 볼록하거나 아래로 볼록한 꼭짓점 부분이 함수의 변곡점이 됩니다. $f(x)$를 두 번 미분한 함수의 그래프인 회색 그래프가 x축을 통과하는 지점이기도 한 $x=4$에서 함수의 변곡점을 확인할 수 있습니다. 파란색 그래프에서 사각형으로 표시된 부분이 변곡점입니다. 변곡점은 힘이 바뀌는 지점으로, 일상생활에서도 많이 쓰는 단어입니다. 도함수를 나타내는 검은색 곡선의 꼭짓점 부분이 힘이 바뀌는 부분입니다.

물리학에서는 가속도를 힘으로 생각합니다. 속도를 미분하면 가속도가 나오죠. 도함수를 한 번 더 미분하면 가속도 함수가 나옵니다. 가속도가 가장 큰 곳, 즉 운동에 가해지는 힘이 가장 큰 부분은 바로 검은색 그래프의 접선의 기울기가 가장 큰 $x=6$인 지점입니다. 원래의 함수의 그래프를 보시죠. 함숫값은 가장 바닥에 있습니다. 밑바닥에서 가장 큰 힘이 작용하는 것이죠. 반면 함수의 그래프가 가장 높은 곳에 있는 지점($x=2$)에선 힘이 가장 작습니다.

그러므로 내가 지금 승승장구하고 있다고 자만할 일이 아닙니다. 힘이 가장 약한 상태이거든요. 우리 삶은 성공과 실패가 반복되고, 좋은 일과 나쁜 일이 번갈아 가면서 순환합니다. 미분이 우리에게 주는 지혜는 단순하고 명쾌합니다. 삶의 밑바닥이라고 생각되는 곳에 성장하는 데 필요한 가장 큰 힘이 잠재되어 있습니다. 용기를 갖고 힘내십시오. 밑바닥에서 힘차게 올라갈 수 있습니다.

8일차

적분

한 차원 높은 곳에 있는 비밀을 찾아라

어떤 위대한 것도 용감한 추측 없이는 발견될 수 없다
— 아이작 뉴턴

들어가기

수학사에서 적분의 역사는 미분보다 훨씬 더 오래되었습니다. 적분에 대한 연구는 곡선이나 곡면으로 둘러싸인 도형의 넓이나 부피를 구하는 문제로부터 시작되었습니다. 고대 이집트에서는 피라미드의 부피를 계산했으며, 고대 그리스 수학자들도 곡선으로 둘러싸인 도형과 원의 넓이, 구의 부피 등을 어림하여 계산했습니다. 이 아이디어가 17세기 뉴턴과 라이프니츠의 미분을 만나 적분론으로 체계화된 것이죠.

특히 아이작 뉴턴과 그의 스승인 아이작 배로우Isaac Barrow는 미분과 직분의 관계인 미적분의 기본정리를 이용해 곡선의 실이, 곡선과 곡면으로 둘러싸인 도형의 넓이와 부피 등을 이전과는 달리 쉽고 정확하게 구하는 방법을 제시했습니다.

적분은 현대인의 실생활에 널리 이용되고 있습니다. 건축 및 토목, 움직이는 물체의 운동 상태의 파악, 첨단 의료기기의 설계 등에 직접적으로 활용되는 수학의 개념입니다.

이번 강의에서는 부정적분과 정적분의 뜻을 배우고, 다항함수의 정적분을 쉽게 구할 수 있는 뉴턴과 배로우의 방법을 알아보겠습니다.

수학 교과서로 배우는 최소한의 수학 지식

부정적분

다음은 함수 $f(x)$와 그 도함수 $f'(x)$를 나타낸 표입니다.

$f(x)$	x^2-2	x^2-1	x^2	x^2+1	x^2+2
$f'(x)$			$2x$	$2x$	

위의 표를 완성해보세요. $f'(x)=2x$를 만족시키는 함수 $f(x)$은 모두 x^2이라는 항을 갖고 있으며, 상수항만 다릅니다.

어떤 함수 $F(x)$의 도함수가 $f(x)$일 때, 즉 $F'(x)=f(x)$일 때,

$F(x)$를 $f(x)$의 부정적분이라고 합니다. 위의 활동에서 확인할 수 있듯이 x^2-2, x^2-1, x^2, x^2+1, x^2+2는 모두 함수 $2x$의 부정적분입니다. 부정적분을 원시함수라고 부르기도 합니다.

부정적분의 기호를 알아보겠습니다. 함수 $f(x)$의 부정적분 중의 하나를 $F(x)$라고 하면, $f(x)$의 부정적분은 $F(x)+C$(단 C는 상수)로 나타낼 수 있습니다.

이것을 기호로 $\int f(x)dx$로 나타냅니다(적분 기호 $\int$은 독일의 수학자 라이프니츠가 합을 의미하는 summatorius의 첫 글자인 s를 변형시켜 처음 사용했습니다. $\int f(x)dx$는 integral$f(x)dx$라고 읽습니다). 상수 C는 적분상수라고 합니다.

또 함수 $f(x)$의 부정적분, $\int f(x)dx$를 구하는 것을 $f(x)$를 적분한다고 하며, 그 계산법을 적분법이라고 합니다.

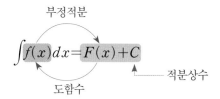

부정적분

$F'(x)=f(x)$일 때

$$\int f(x)dx=F(x)+C\,(단\ C는\ 적분상수)$$

함수 $y=1$, $y=x$, $y=x^2$, $\cdots$, $y=x^n$의 부정적분은 다음과 같이 미분의 역과정을 이용해 구할 수 있습니다. 앞으로 쓰이는 C는 모두 적분상수입니다.

$(x)'=1$이므로 $\quad \displaystyle\int 1 dx = x + C$

$\left(\dfrac{1}{2}x^2\right)'=x$이므로 $\quad \displaystyle\int x\, dx = \dfrac{1}{2}x^2 + C$

$\left(\dfrac{1}{3}x^3\right)'=x^2$이므로 $\quad \displaystyle\int x^2\, dx = \dfrac{1}{3}x^3 + C$

$\cdots$

그러므로 n이 0 이상의 정수일 때, $f(x)=x^n$의 부정적분은 다음과 같습니다.

$$\left(\dfrac{1}{n+1}x^{n+1}\right)'=x^n \text{이므로} \int x^n\, dx = \dfrac{1}{n+1}x^{n+1} + C$$

한편 상수 k와 다항함수 $f(x)$, $g(x)$에 대하여

$$\int kf(x)\, dx = k\int f(x)\, dx + C$$

$$\int \{f(x) \pm g(x)\}\, dx = \int f(x)\, dx \pm \int g(x)\, dx + C$$

가 성립합니다.

(보기) $\displaystyle\int (3x^2 - 2x - 3)\, dx$

$\qquad = \displaystyle\int 3x^2\, dx - \int 2x\, dx - \int 3\, dx + C$

$\qquad = 3\displaystyle\int x^2\, dx - 2\int x\, dx - 3\int 1\, dx + C$

$$= 3 \times \frac{1}{3} x^3 - 2 \times \frac{1}{2} x^2 - 3x + C$$
$$= x^3 - x^2 - 3x + C$$

문제 다음 조건을 만족시키는 함수 $f(x)$를 구하세요.

$$f'(x) = 2x + 3, \, f(1) = 3$$

풀이 $f'(x) = 2x + 3$ 이므로

$$f(x) = \int (2x+3) \, dx = 2 \int x \, dx + 3 \int 1 \, dx$$
$$= x^2 + 3x + C$$

이때 $f(1) = 3$ 이므로 $C = -1$ 이고 구하는 함수는

$f(x) = x^2 + 3x - 1$ 입니다.

$\dfrac{d}{dx} \displaystyle\int 3x^2 \, dx$ 와 $\displaystyle\int \left(\dfrac{d}{dx} 3x^2 \right) dx$ 를 각각 구하고, 그 결과를 비교해 보자.

먼저 적분한 후 미분하면

$$\frac{d}{dx} \int 3x^2 \, dx = \frac{d}{dx} (x^3 + C)$$
$$= 3x^2$$

먼저 미분한 후 적분하면

$$\int \left(\frac{d}{dx} 3x^2 \right) dx = \int 6x \, dx$$
$$= 3x^2 + C$$

(단, C는 적분상수)

따라서 $\dfrac{d}{dx} \displaystyle\int 3x^2 \, dx \neq \displaystyle\int \left(\dfrac{d}{dx} 3x^2 \right) dx$ 이다.

미분과 적분을 차례로 하는 과정에서 어떤 순서로 처리하는가에 따라서 결과는 상수항만큼 차이가 납니다.

정적분

정적분은 부정적분(원시함수)을 이용해 곡선과 x축으로 둘러싸인 부분의 넓이를 구하는 것입니다. 곡선이 x축 윗부분에만 있을 경우 정적분의 값이 양수이고 도형의 넓이가 됩니다. 그러나 곡선이 x축 아랫부분에도 그려질 수 있는데, 이 경우에는 정적분의 값이 음수가 될 수 있기 때문에 온전한 넓이가 되지 않습니다.

다음의 예를 확인하겠습니다.

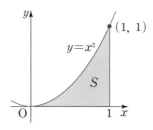

위 그림에서 함수 $y=x^2$의 아랫부분과 x축, 그리고 $x=1$로 둘러싸인 파란색 부분의 넓이 S를 어떻게 구할 수 있을까요?

우리는 삼각형이나 사각형, 원과 같은 도형의 넓이를 구하는 방법을 알고 있습니다. 하지만, 위의 그림과 같은 도형은 적분을 이용해야 넓이를 구할 수 있습니다. 고대로부터 이미 연구된 적분은 곡선 아랫부분을 아주 잘게 나누어(다음 쪽 그림 참고) 넓이의 어림값을 구하는 것이었습니다. 여러 개의 작은 직사각형의 넓이를 직접 계산해야하기 때문에 이 값을 구하기 위한 계산이 복잡하고 오래 걸립니다. 아무리 잘게 쪼갠다고 하더라도 정확한 값이 아니라 어림값이라는 더 큰 문제도 있습니다.

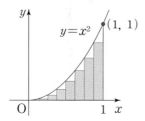 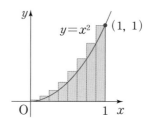

17세기에 이르러 뉴턴과 그의 스승 배로우는 이와 같은 곡선으로 둘러싸인 넓이 구하는 방법을 '미분'에서 찾아냈습니다.

'넓이 구하기'와 '미분'은 전혀 상관없는 별개의 수학 개념처럼 보였지만 그들은 '부정적분(원시함수)' 하나만 찾는 것으로 복잡해 보였던 넓이 구하는 문제를 완벽하게 해결했습니다. 부정적분을 해보겠습니다. $y=x^2$의 원시함수 중 하나가 $y=\frac{1}{3}x^3$입니다.

곡선으로 둘러싸인 부분의 넓이 S는 곡선을 나타내는 함수의 원시함수를 구한 다음에 양쪽 끝 값들을 x에 대입한 후 빼주기만 하면 구할 수 있습니다. 원시함수의 x값에 1과 0을 넣은 후 뺄셈을 해서 넓이를 구해보면 다음과 같습니다.

$$S=\frac{1}{3}\cdot1^3-\frac{1}{3}\cdot0^3=\frac{1}{3}$$

$f(x)$의 한 부정적분(원시함수) $F(x)$에 양 끝 값인 a, b를 넣어 빼는 과정을 다음과 같은 기호로 씁니다. 정적분의 뜻을 확인해보시죠. 서로 정반대의 개념인 미분과 직분이 아주 절묘하게 연결되어 있습니다.

부정적분과 정적분은 분명한 차이가 있습니다. 부정적분은 함수
를 구하는 것이고, 정적분의 결과는 실수입니다.

〔보기〕 다음을 구해봅시다.

가) $\int x\,dx=\dfrac{1}{2}x^2+C$

나) $\int_0^1 x\,dx=\left[\dfrac{1}{2}x^2\right]_0^1=\dfrac{1}{2}-0=\dfrac{1}{2}$

정적분과 넓이에 대해 조금 더 자세히 알아보겠습니다.

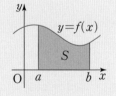

곡선이 x축 아래에 그려지는 경우에는 정적분의 값이 음수가 됩니다. 따라서 함수가 정의되는 전체 구간에서 정적분을 구하게 되면 온전한 넓이가 나오지 않습니다. 이때 넓이를 구하기 위해서는 x축 아랫부분의 곡선을 x축에 대해 대칭이동시킨 후(음수의 함숫값을 절댓값이 같은 양수로 바꿔준 후) 정적분해야 합니다. 함수의 절댓값을 적분해야 하는 이유입니다.

곡선과 x축 사이의 넓이

함수 $f(x)$가 닫힌 구간 $[a, b]$에서 연속일 때, 곡선 $y=f(x)$와 x축 및 두 직선 $x=a$, $x=b$로 둘러싸인 부분의 넓이 S는

$$S=\int_a^b |f(x)| \, dx$$

문제 곡선 $y=x-1$과 x축 및 두 직선 $x=0$, $x=3$으로 둘러싸인 도형의 넓이를 구하세요.

풀이 주어진 함수 $y=x-1$는 $0 \leq x < 1$에서 함숫값이 음수이므로, 이 부분을 양수로 바꿔줘야 합니다. 넓이는 다음과 같은 정적분으로 구합니다.

$$\int_0^3 |x-1| \, dx$$

가) 함수의 그래프 그리기

$f(x) = |x-1|$이라고 하면,

$$f(x)=\begin{cases}-x+1\,(0\leq x<1)\\ x-1\ \ (1\leq x\leq 3)\end{cases}$$

이므로 함수 $y=f(x)$의 그래프는 다음 그림과 같습니다.

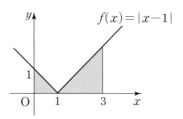

나) 정적분 구하기

$$\int_0^3 |x-1|\ dx=\int_0^1 (-x+1)\ dx+\int_1^3 (x-1)\ dx$$

$$=\left[-\frac{1}{2}x^2+x\right]_0^1+\left[\frac{1}{2}x^2-x\right]_1^3$$

$$=\frac{1}{2}+2=\frac{5}{2}$$

문제 곡선 $y=x^2-2x$와 x축 및 두 직선 $x=1$, $x=3$으로 둘러싸인 도형의 넓이를 구하세요.

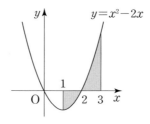

풀이 곡선 $y=x^2-2x$는 $1\leq x\leq 2$에서 $y\leq 0$, $2\leq x\leq 3$에서 $y\geq 0$ 이므로 구하는 넓이 S는

$$S = \int_{1}^{2} \{-(x^2 - 2x)\}\, dx + \int_{2}^{3} (x^2 - 2x)\, dx$$

$$= \left[-\frac{1}{3}x^3 + x^2 \right]_{1}^{2} + \left[\frac{1}{3}x^3 - x^2 \right]_{2}^{3}$$

$$= \frac{2}{3} + \frac{4}{3} = 2$$

부정적분과 마찬가지로 정적분에서도 다음과 같은 관계식이 성립합니다.

$$\int_{a}^{b} kf(x)\, dx = k \int_{a}^{b} f(x)\, dx$$

$$\int_{a}^{b} \{f(x) \pm g(x)\}\, dx = \int_{a}^{b} f(x)\, dx \pm \int_{a}^{b} g(x)\, dx$$

수학 교과서에서 한 걸음 더 나아가기

수직선 위의 원점을 출발해 속도 v_1으로 등속운동을 하는 점 P가 $t = t_0$에서 $t = t_1$까지 운동한 거리 s는 $v_1(t_1 - t_0)$입니다(거리= 속도×시간).

수직선 위의 원점을 출발한 후 속도가 변하는 물체가 움직인 거리는 어떻게 구할까요? 속도가 양수일 경우엔 속도가 그리는 곡선 아랫부분의 넓이를 구하면 됩니다. 미분 강의에서 속도가 음수가 되면 운동 방향이 바뀐다고 했습니다. 이 경우 이동 거리를 구하기 위해서는 음의 속도를 양수로 바꿔준 다음 이동한 시간을 곱해야 합니다. 그렇지 않을 경우에는 이동 거리가 아닌, 운동이 끝난 후의 점의 위치가 나옵니다. 다음의 예를 통해 살펴보겠습니다.

문제 다음 그래프는 수직선 위에서 원점을 출발해 움직이는 점 P의 t초 후 속도 $v(t)$의 그래프입니다. 다음을 확인해보세요(단 속도의 단위는 m/s).

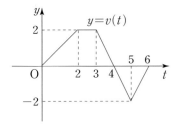

가) 출발한 뒤 처음으로 방향을 바꿀 때까지 걸린 시간과 이때 점 P의 위치
나) 출발한 뒤 6초 후의 점 P의 위치 및 점 P가 움직인 거리

풀이 가) 출발한 뒤 처음으로 방향을 바꿀 때의 시간은 속도가 양수에서 음수로 바뀌는 4초 후입니다. 이때 점 P의 위치와 움직인 거리는 0초에서 4초까지 그래프 아랫부분의 넓이와 같습니다. 넓이를 구하면 2+2+1=5(m)입니다.

나) 이 물체는 4초부터 6초까지는 거꾸로 움직이게 됩니다. 거꾸로 움직인 거리는 4초에서 6초까지 속도를 절댓값이 같은 양수로 생각하고 t축으로 둘러싸인 부분의 넓이를 구하면 됩니다. $1+1=2$이군요. 즉 6초 뒤의 점의 위치는 $5-2=3(\mathrm{m})$, 이동거리는 $5+2=7(\mathrm{m})$입니다.

이제 적분을 이용해 이동거리를 구해보겠습니다.

점 P의 시각 t에서의 위치를 $x(t)$, 속도를 $v(t)$라고 할 때, 점 P는 $v(t)$가 양수이면 수직선 양의 방향으로 움직이고, $v(t)$가 음수이면 수직선 음의 방향으로 움직입니다.

가) 시각 $t=a$에서 $t=b$까지 $v(t)\geq0$일 때,

점 P가 움직인 거리 s는

$$s=x(b)-x(a)=\int_{a}^{b}v(t)\,dt$$

나) 시각 $t=a$에서 $t=c$까지 $v(t)\geq0$이고

시각 $t=c$에서 $t=b$까지 $v(t)\leq0$일 때

시각 $t=a$에서 $t=b$까지 점 P가 움직인 거리 s는

$$s=\{x(c)-x(a)\}-\{x(b)-x(c)\}=\int_{a}^{c}v(t)\,dt-\int_{c}^{b}v(t)\,dt$$

문제 다음 그림은 초속 20 m로 달리던 자동차의 운전자가 신호등이 바뀐 것을 보고 브레이크를 밟은 후 t초 후의 자동차의 속도 $v(t)$를 나타내는 그래프입니다.

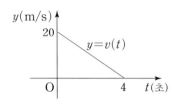

이 자동차가 브레이크를 밟은 순간 자동차와 정지선까지의 거리가 39 m였을 때, 이 자동차가 완전히 멈추게 되면 정지선을 넘게 되는지 확인하세요.

풀이 $v(t) = -5t + 20$이므로 자동차가 정지하는 시각은

$v(t) = 0$에서 $t = 4$

자동차가 정지할 때까지 움직인 거리는

$$\int_0^4 (-5t + 20)\, dt = \left[-\frac{5}{2}t^2 + 20t \right]_0^4 = 40$$

따라서 이 자동차는 정지선을 넘습니다.

문제 철로에서 초속 20 m의 속도로 달리는 열차에 제동을 걸면 t초 후의 속도 $v(t)$가 $20 - 2t$라고 합니다. 이 열차가 제동 후 정지할 때까지 움직인 거리를 구하세요(단, $0 \le t \le 10$).

풀이 $v(t) = 20 - 2t = 0$에서 $t = 10$일 때, 속도가 0이 됩니다.

열차가 정지할 때까지 움직인 거리는

$$\int_0^{10} (20 - 2t)\, dt = \left[20t - t^2 \right]_0^{10} = 100 \ (\text{m})$$

수학 문제 해결

문제   함수 $f(x) = \int (x^2 + 2x + 6)\, dx$에 대하여

$\displaystyle\lim_{x \to 1} \dfrac{f(x) - f(1)}{x - 1}$의 값을 구하세요.

풀이1   가) $f(x) = \int (x^2 + 2x + 6)\, dx$ 계산하기

$$\int (x^2 + 2x + 6)\, dx = \frac{1}{3}x^3 + x^2 + 6x + C\,(\text{단 } C\text{는 적분상수})$$

나) 극한값 구하기

$$\lim_{x \to 1} \frac{f(x) - f(1)}{x - 1}$$

$$= \lim_{x \to 1} \frac{\left(\dfrac{1}{3}x^3 + x^2 + 6x + C\right) - \left(\dfrac{1}{3} + 1 + 6 + C\right)}{x - 1}$$

$$= \lim_{x \to 1} \frac{\dfrac{1}{3}x^3 + x^2 + 6x - \dfrac{22}{3}}{x - 1}$$

$$= \frac{1}{3} \lim_{x \to 1} \frac{x^3 + 3x^2 + 18x - 22}{x - 1}$$

$$= \frac{1}{3} \lim_{x \to 1} \frac{(x^2 + 4x + 22)(x - 1)}{x - 1} = 9$$

풀이2 $f'(x) = x^2 + 2x + 6$으로 놓고 $f'(x)$의 한 부정적분을

$f(x)$라고 하면,

$$\lim_{x \to 1} \frac{f(x) - f(1)}{x - 1} = f'(1) = 9$$

문제 곡선 $y=f(x)$ 위의 점 $(x, f(x))$에서의 접선의 기울기는 $3x^2-2x$입니다. 이 곡선이 점 $(1, 1)$을 지날 때, $f(2)$의 값을 구하세요.

풀이 도함수가 $y'=3x^2-2x$이므로
$y=\int(3x^2-2x)\,dx=x^3-x^2+C$이며, $(1, 1)$을 대입하면
$C=1$, 따라서 곡선은 $f(x)=x^3-x^2+1$이며, $f(2)=5$

수학 발견술 1	미분과 적분은 연결되어 있다. 미분과 적분을 항상 같이 생각하라.

대칭인 함수의 정적분을 쉽게 구하는 방법이 있습니다.

(1) y축 대칭인 함수의 적분

$f(x)=x^2$의 그래프는 y축 대칭입니다.

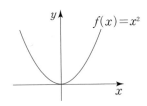

차수가 짝수인 항들로만 이루어진 다항함수는 y축 대칭입니다 (상수항도 짝수차수로 생각합니다).

y축 대칭인 함수는 적분 구간의 양쪽 끝의 절댓값이 같고 부호가 다르면 $\int_{-a}^{a} f(x)\,dx=2\int_{0}^{a} f(x)\,dx$입니다.

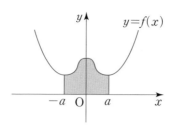

문제 정적분 $\displaystyle\int_{-2}^{2} (5x^4+3x^2)\, dx$를 구하세요.

풀이 함수 $f(x)=5x^4+3x^2$이 짝수 차수의 항들인 $5x^4$, $3x^2$으로만

되어 있으므로 함수의 그래프는 y축 대칭입니다.

$$\int_{-2}^{2} (5x^4+3x^2)\, dx=2\int_{0}^{2} (5x^4+3x^2)\, dx=2[\,x^5+x^3\,]_{0}^{2}=80$$

(2) 원점 대칭인 함수의 적분

$f(x)=x^3$의 그래프는 원점 대칭입니다.

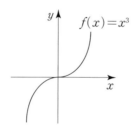

차수가 홀수인 항들로만 이루어진 다항함수는 원점 대칭입니다.

원점 대칭인 함수의 양쪽 끝 값의 절댓값이 같고 부호가 다르다면,

$\displaystyle\int_{-a}^{a} f(x)\, dx=0$입니다.

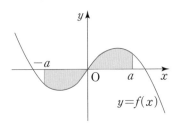

$y=f(x)$

문제 정적분 $\displaystyle\int_{-2}^{2}(5x^3+3x)\,dx$를 구하세요.

풀이 함수 $f(x)=5x^3+3x$의 모든 항이 홀수차항으로만 이루어져 있으므로 주어진 정적분의 값은 0입니다.

문제 정적분 $\displaystyle\int_{-2}^{2}(x^7+5x^5-2x^3+3x^2-7x+2)\,dx$를 구하세요.

풀이 주어진 함수 $f(x)=x^7+5x^5-2x^3+3x^2-7x+2$에서 짝수차항은 $3x^2$, 2이고 홀수차항이 x^7, $5x^5$, $-2x^3$, $-7x$이므로

$$\int_{-2}^{2}(x^7+5x^5-2x^3+3x^2-7x+2)\,dx$$
$$=\int_{-2}^{2}(3x^2+2)\,dx+\int_{-2}^{2}(x^7+5x^5-2x^3-7x)\,dx$$
$$=2\int_{0}^{2}(3x^2+2)\,dx$$
$$=2\left[x^3+2x\right]_{0}^{2}=24$$

이처럼 다항함수의 차수를 먼저 고려하면 정적분의 계산이 훨씬 간단해집니다.

수학 감성

한 차원 높은 곳에서 바라보기

뉴턴과 그의 스승 배로우는 곡선으로 둘러싸인 부분의 넓이를 구하는 획기적인 방법을 미분에서 찾았습니다. 즉 미분되기 전의 원시함수를 찾은 것이죠. 넓이를 구하기 위해 원시함수에 x의 양 끝 값을 대입한 다음 그 차이를 구했습니다. 다항함수는 간단한 방법으로 원시함수를 찾을 수 있습니다.

원시함수는 한 차수 큽니다. 한 차수 큰 원시함수를 이용해 어렵게만 보였던 넓이를 아주 간단하게 구했습니다.

한 차원 높은 곳에 놀라운 비밀이 숨어 있을 것 같습니다. 복잡하고 어려운 일이 있나요? 그 문제를 해결해 줄 "한 차원 높은 원시함수"를 찾아보기 바랍니다. 한 차원 더 높은 세상에서 문제가 훨씬 단순하게 해결될 것이라고 믿습니다.

적분보다 미분을 먼저 배우는 이유

신석기 시대의 빗살무늬 토기는 발굴 당시엔 여러 개의 조각 상태였다고 합니다. 고고학자들은 이들을 복원해 오래된 과거의 역사를 탐구할 수 있었습니다.

미분과 적분의 개념도 이와 비슷합니다. 미분되기 전의 원시함수를 찾은 후 비로소 정적분을 하고 넓이도 구할 수 있습니다. 원시함수를 구하기 위해선 미분을 알아야 합니다. 미분의 개념을 최초로 알고 있었던 뉴턴과 그의 동료들만이 미분을 이용해 넓이를 구할 수 있는 새로운 방법을 찾을 수 있었던 이유입니다. 미분은 물론이고 문자나 함수의 개념도 명확하지 않았던 고대 그리스인들은 생각할 수 없었지요.

미분을 알고 있어야 적분도 할 수 있기 때문에 역사적으론 적분이 훨씬 더 오래된 개념이지만, 우리는 미분을 먼저 배웁니다. 온전한 이해를 위해 먼저 알아야 하는 개념들이 있지요.

한때 나를 힘들게 하고 이해되지 않았던 문제들을 오랜 시간이 흐른 뒤에 살펴보면 일의 앞뒤 순서와 맥락이 정리되고 퍼즐이 맞춰지듯이 해결되는 경우가 있습니다. 우리의 경험과 지식, 삶의 지혜가 그만큼 늘고 성장했다는 의미겠죠. 어떤 현상을 이해하기 위해 먼저 알아야 하는 개념들을 알아가면서 꾸준히 공부하다보면, 여러분들도 뉴턴처럼 놀라운 발견을 하게 될 것입니다.

10

9일차

경우의 수와 확률

세상을 바라보는 객관적인 시각

데이터 분석의 미래는 밝다.
차세대 킨제이는 분명 데이터 과학자일 것이다.
차세대 푸코는 데이터 과학자일 것이다.
차세대 마르크스는 데이터 과학자일 것이다.
차세대 소크는 데이터 과학자일 것이다.
— 세스 다비도위츠

들어가기

기상청에서는 예측되는 구름이나 바람의 방향을 미리 파악하고 때에 따라서는 유사한 상황의 과거의 자료를 수집, 분석한 다음 기상예보를 합니다. 우리는 날씨뿐만 아니라 일상생활의 다양한 분야에서 확률을 접할 수 있습니다.

중학교 과정에서 이미 '확률'을 배웠습니다. 동전을 던져서 앞면이 나올 확률, 주사위를 던져서 6의 눈이 나올 확률과 같은 기초 개념이었지요. 고등학교에서는 경우의 수를 세는 논리적인 방법인 순열과 조합을 배웁니다. 순열과 조합을 이용하면 확률을 더 정확하고 신속하게 구할 수 있습니다.

블레즈 파스칼Blaise Pascal(1623~1662)과 페르마에 의해 본격적으로 연구된 확률론은 그 이후 뛰어난 수학자들의 연구에 의해 조금씩 발전했습니다. 우리는 확률 지식을 통해 불확실한 현상이나 일부의 정보만 주어진 상황을 해석하고 적절하게 대응할 수 있습니다. 일상생활에서는 완벽한 정보를 모를 때가 더 많기 때문에 불완전한 상황에서 가능성을 추측해 수치화하는 것이 확률을 배우는 중요한 이유라고 할 수 있습니다.

수학 교과서로 배우는 최소한의 수학 지식

곱의 법칙

셔츠 3벌 A, B, C와 바지 2벌 a, b를 짝지어 입는 방법을 나타낸 수형도를 그려 경우의 수를 구해봅시다. 수형도는 사건이 일어나는 모든 경우를 나뭇가지 모양의 그림으로 나타낸 것입니다.

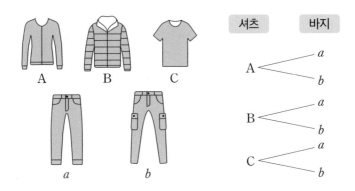

서로 다른 두 개의 주사위 A, B를 동시에 던질 때, 주사위 A는 2의 배수가 나오고 주사위 B는 3의 배수가 나오는 경우의 수를 수형도와 순서쌍을 이용해 나타내봅시다. 2의 배수는 각각 2, 4, 6이고, 3의 배수는 3과 6입니다. 다음 그림과 같이 모든 경우의 수는 3×2=6입니다.

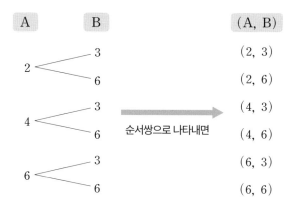

일반적으로 경우의 수에 대한 곱의 법칙은 다음과 같습니다.

두 사건 A, B에 대하여 사건 A가 일어나는 경우의 수가 m이고 그 각각에 대하여 사건 B가 일어나는 경우의 수가 n일 때, 두 사건 A, B가 잇달아 일어나는 경우의 수는 $m \times n$이다.

문제 24의 모든 약수의 개수를 구하세요.

풀이 다음은 표를 이용해 24의 약수의 개수를 구하는 방법입니다.

가) 24를 소인수분해하면, 24=$2^3 \times 3$입니다.

나) 2^3의 약수는 1, 2, 2^2, 2^3의 네 개이고, 3의 약수는 1, 3의 두 개입니다.

다) 24의 약수는 2^3의 약수와 3의 약수 중에서 각각 하나씩 택하여 곱한 수이므로 24의 약수의 개수는 곱의 법칙에 의하여 $4 \times 2 = 8$입니다.

×	1	3
1	1	3
2	2	2×3
2^2	2^2	$2^2 \times 3$
2^3	2^3	$2^3 \times 3$

문제 위의 방법을 이용해 72의 약수의 개수를 구하세요.

풀이 $72 = 2^3 \times 3^2$이므로, 약수의 개수는
$(3+1) \times (2+1) = 4 \times 3 = 12$개입니다.

순열

축구경기 시간에 승부를 가리지 못한 경우에 각 팀의 선수가 한 번씩 번갈아 가며 승부차기를 합니다. 11명의 선수 중에서 서로 다른 다섯 명의 선수를 선발하고 승부차기 순서까지 정하는 경우의 수를 다음 표를 완성해 구해봅시다.

순서	첫 번째	두 번째	세 번째	네 번째	다섯 번째
경우의 수	11	10			

첫 번째 선수를 뽑는 경우의 수는 11가지, 두 번째 선수는 10가지, 세 번째는 9가지, 네 번째는 8가지, 다섯 번째는 7가지입니다. 각 경우는 잇달아 일어나므로 곱의 법칙에 의해 다섯 명의 순서를 정하는 방법의 수는 11×10×9×8×7가지입니다.

이번에는 세 개의 숫자 1, 2, 3 중에서 서로 다른 두 개의 숫자를 택하여 두 자리 자연수를 만드는 경우의 수를 생각해봅시다.

십의 자리에 올 수 있는 숫자는 1, 2, 3의 3가지이고, 그 각각에 대해 일의 자리에 올 수 있는 숫자는 십의 자리 숫자를 제외한 나머지 두 개의 숫자 중 하나입니다. 따라서 만들 수 있는 두 자리 자연수는 곱의 법칙에 의하여 3×2＝6입니다.

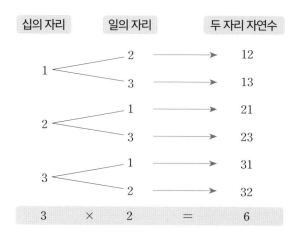

이와 같이 서로 다른 n개에서 r개를 택해 일렬로 나열하는 것을 n개에서 r개를 택하는 순열이라고 하고, 이 순열의 수를 기호 $_nP_r$로 나타냅니다. 여기서 P는 영어 단어 permutation의 첫 글자입니다.

$$_nP_r=n(n-1)(n-2)\cdots(n-r+1)$$

문제 회원이 10명인 어느 동아리에서 회장 한 명과 부회장 한 명을 뽑는 경우의 수를 구하세요.

풀이 회원 10명 중에서 회장, 부회장을 뽑는 경우의 수는 10명 중에서 서로 다른 두 명을 택하여 일렬로 나열하는 순열의 수와 같습니다. 따라서 구하는 경우의 수는 $_{10}P_2=10\times9=90$가지입니다.

문제 5개의 숫자 1, 2, 3, 4, 5 중에서 서로 다른 세 개를 택해 일렬로 나열하여 세 자리 자연수를 만든다고 합시다. 짝수의 개수는 몇 개인지 구하세요.

풀이 짝수가 되는 것은 일의 자리의 숫자가 2, 4인 두 가지 경우입니다. 일의 자리에 들어갈 숫자를 제외하면 숫자가 네 개 남습니다. 이 중 두 개를 선택하는 순열의 수는 $_4P_2$입니다. 따라서 곱의 법칙에 의해 구하는 짝수의 개수는
$_4P_2\times2=4\times3\times2=24$가지입니다.

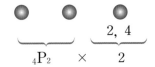

서로 다른 n개에서 n개 모두를 택하는 순열의 수는 $_n\mathrm{P}_r$에서 $r=n$인 경우이므로, $_n\mathrm{P}_n=n(n-1)(n-2)\times\cdots\times3\times2\times1$입니다.

이 식의 우변과 같이 1부터 n까지의 자연수를 차례로 곱한 것을 n의 계승factorial이라고 하고, 기호로 $n!$으로 나타냅니다. 즉, $n!=n(n-1)(n-2)\times\cdots\times3\times2\times1$입니다.

조합

네 개의 문자 a,b,c,d 중에서 순서를 생각하지 않고 두 개를 택하는 방법은 $(a,b),(a,c),(a,d),(b,c),(b,d),(c,d)$ 총 여섯 가지입니다. 이와 같이 서로 다른 n개에서 순서를 생각하지 않고 r개를 택하는 것을 n에서 r개를 택하는 조합이라고 하고, 이 조합의 수를 기호 $_n\mathrm{C}_r$로 나타냅니다. 여기서 C는 조합을 뜻하는 영어 단어 combination의 첫 글자입니다.

이제 순열과 조합의 관계를 이용해 조합의 수 $_n\mathrm{C}_r$을 구하는 방법을 알아보겠습니다.

네 개의 문자 a,b,c,d 중에서 두 개를 택하는 조합의 수는 $_4\mathrm{C}_2$이고, 그 각각에 대하여 순서를 정해 다음과 같이 순열을 만들 수 있습니다.

순열의 수는 $_4\mathrm{C}_2\times2!$개입니다. 즉,

$$_4\mathrm{C}_2\times2!=_4\mathrm{P}_2,\quad _4\mathrm{C}_2=\frac{_4\mathrm{P}_2}{2!}$$

문제 마트에 진열된 서로 다른 일곱 개의 제품 중 세 개를 택하는 방법의 수를 구하세요.

풀이 $_7C_3 = \dfrac{_7P_3}{3!} = \dfrac{7 \times 6 \times 5}{3 \times 2 \times 1} = 35\,(가지)$

문제 집합 $\{a, b, c, d, e\}$의 부분집합 중에서 원소의 개수가 두 개인 부분집합의 개수를 구하세요.

풀이 $_5C_2 = \dfrac{_5P_2}{2!} = \dfrac{5 \times 4}{2 \times 1} = 10\,(가지)$

$\{a, b\}, \{a, c\}, \{a, d\}, \{a, e\}, \{b, c\}, \{b, d\}, \{b, e\},$
$\{c, d\}, \{c, e\}, \{d, e\}$

문제 다음 그림과 같이 원의 둘레 위에 서로 다른 여섯 개의 점이 있습니다. 두 점을 이어서 만들 수 있는 선분의 개수와 세 점을 이어서 만들 수 있는 삼각형의 개수를 각각 구하세요.

풀이 두 점을 이어서 만들 수 있는 선분의 개수는

$_6C_2 = \dfrac{_6P_2}{2!} = \dfrac{6 \times 5}{2 \times 1} = 15\,(개)$

세 점을 이어서 만들 수 있는 삼각형의 개수는

$$_6C_3 = \frac{_6P_3}{3!} = \frac{6 \times 5 \times 4}{3 \times 2 \times 1} = 20(개)$$

문제 다음 그림과 같이 세 개의 평행선과 다섯 개의 평행선이 만나
고 있을 때, 이들 평행선으로 만들어지는 평행사변형의 개수
를 구하세요.

풀이 평행사변형이 만들어지기 위해서는 양옆으로 이어진 평행선
중 두 개, 위아래로 이어진 평행선 중 두 개가 필요합니다. 즉

$$_3C_2 \times _5C_2 = \frac{3 \times 2}{2 \times 1} \times \frac{5 \times 4}{2 \times 1} = 30(가지)입니다.$$

다항식의 전개와 파스칼의 삼각형

$n = 1, 2, 3, \cdots$일 때 다항식 $(a+b)^n$의 전개식은 다음과 같습니다.

$(a+b)^1 = 1a + 1b$

$(a+b)^2 = 1a^2 + 2ab + 1b^2$

$(a+b)^3 = 1a^3 + 3a^2b + 3ab^2 + 1b^3$

$\cdots$

파스칼의 삼각형은 17세기 프랑스의 수학자 파스칼이 저서
《수삼각형론Traité du triangle arithmétique》에 소개했습니다.

$(a+b)^n$의 전개식에서 각항의 계수를 다음과 같이 삼각형 모양으로 나타낼 수 있습니다.

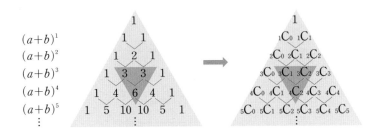

이와 같은 계수의 배열을 파스칼의 삼각형이라고 합니다. 윗 단계의 두 수의 합이 다음 단계의 수가 되는 규칙이 있습니다. 예를 들어 $_3C_1 + _3C_2 = _4C_2$입니다. 파스칼 삼각형에서 각 단계의 배열은 좌우대칭입니다. 따라서 $_nC_r = _nC_{n-r}$이 성립합니다. 예를 들어 $_6C_2 = _6C_4$입니다.

문제 파스칼의 삼각형을 이용해 $(x+y)^5$을 전개하세요.

풀이 파스칼의 삼각형을 통해 1, 5, 10, 10, 5, 1이라는 배열을 확인할 수 있습니다.

$$(x+y)^5 = x^5 + 5x^4y + 10x^3y^2 + 10x^2y^3 + 5xy^4 + y^5$$

파스칼 삼각형을 응용해보겠습니다. 파스칼 삼각형을 이용해 $(1+x)^n$을 전개하면, $(1+x)^n = _nC_0 + _nC_1x + _nC_2x^2 + \cdots + _nC_nx^n$입니다. 이 전개식의 양변에 $x=1$을 대입하면 다음 식을 쉽게 확인할 수 있습니다.

$$_nC_0 + _nC_1 + _nC_2 + \cdots + _nC_n = 2^n$$

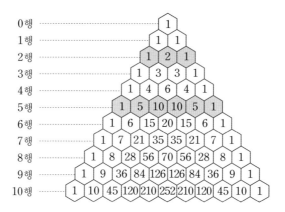

위 그림에서 제 n행에 있는 모든 숫자를 더한 값이 2^n이 된다는 것을 확인할 수 있습니다. 예를 들어 5행의 모든 수를 더하면 $1+5+10+10+5+1=2^5=32$입니다

통계적 확률과 수학적 확률

(1) 통계적 확률

다음 표는 하나의 윷짝을 n번 반복해 던졌을 때, 평평한 면이 나온 횟수 r와 상대도수 $\dfrac{r}{n}$을 나타낸 것입니다.

던진 횟수(n)	10	20	50	100	200	400
평평한 면이 나온 횟수 (r)	4	13	25	58	122	238
상대도수 ($\dfrac{r}{n}$)	0.40	0.65	0.50	0.58	0.61	0.595

상대도수 $\dfrac{r}{n}$을 그래프로 나타내면 다음과 같습니다.

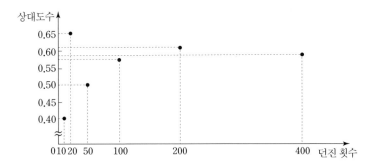

주사위나 동전을 던지는 것과 같이 같은 조건에서 여러 번 반복할 수 있고, 그 결과가 우연에 의해 결정되는 실험이나 관찰을 시행이라고 합니다.

같은 시행을 n번 반복했을 때 사건 A가 일어난 횟수를 r_n이라고 해봅시다. 만일 n이 한없이 커짐에 따라서 상대도수 $\dfrac{r_n}{n}$이 일정한 값 p에 가까워지면 이 값 p를 사건 A의 통계적 확률이라고 합니다. 위의 예에서 n이 커짐에 따라 상대도수의 값이 0.6에 가까워진다는 것을 확인할 수 있습니다. 통계적 확률은 일종의 실험적인 확률입니다. 시행 횟수 n을 한없이 크게 할 수 없으므로, 확률에 대한 새로운 정의가 필요합니다.

(2) 수학적 확률

어떤 시행에서 사건 A가 일어날 가능성을 수치화한 것을 사건 A가 일어날 확률이라고 하고, 이것을 기호 $P(A)$로 나타냅니다. 일반적으로 어떤 시행에서 일어날 수 있는 모든 경우의 수를 $n(S)$, 사건 A가 일어나는 모든 경우의 수를 $n(A)$라고 할 때, 사건 A가 일어날 확률은 $P(A) = \dfrac{n(A)}{n(S)}$로 정의합니다. 이 확률의 정의는 경우의 수만을 이론적으로 생각한 확률로서 수학적 확률이라고 합니다.

[문제] 서로 다른 두 개의 주사위를 동시에 던질 때, 나오는 두 눈의 수의 합이 9일 확률을 구하세요.

[풀이] 서로 다른 두 개의 주사위를 동시에 던지는 시행에서 나올 수 있는 모든 경우는 $(1, 1)$, $(1, 2)$, $(1, 3)$, $\cdots$, $(6, 5)$, $(6, 6)$ 으로 $n(S) = 36$가지입니다.

두 개의 주사위 A, B를 던졌을 때

$$(\square, \square)$$
주사위 A ⟶   ⟵ 주사위 B

이때 나오는 두 눈의 수의 합이 9인 사건을 A라고 하면,
사건 A가 일어나는 경우는 $(3, 6)$, $(4, 5)$, $(5, 4)$, $(6, 3)$
으로 $n(A) = 4$입니다.

따라서 구하는 확률은 $P(A) = \dfrac{n(A)}{n(S)} = \dfrac{4}{36} = \dfrac{1}{9}$ 입니다.

문제 파란색 공 세 개와 빨간색 공 두 개가 있는 주머니에서 임의로 세 개의 공을 꺼낼 때, 파란색 공 두 개와 빨간색 공 한 개를 꺼낼 확률을 구하세요.

풀이 전체의 경우의 수는 $_5C_3 = {_5}C_2 = \dfrac{5 \times 4}{2 \times 1} = 10$

파란색 공 두 개가 나오는 경우의 수는 $_3C_2 = 3$

빨간색 공 한 개가 나오는 경우의 수는 $_2C_1 = 2$

파란색 공 두 개와 빨간색 공 한 개가 동시에 나오는 경우의 수는 $2 \times 3 = 6$

따라서 구하는 확률은 $\dfrac{_3C_2 \times {_2}C_1}{_5C_3} = \dfrac{6}{10} = \dfrac{3}{5}$ 입니다.

시행횟수가 충분히 클 때, 사건 A가 일어나는 상대도수는 사건 A가 일어나는 수학적 확률 p에 가까워짐이 알려져 있습니다. 통계적 확률은 결국 수학적 확률과 같아진다는 것이죠. 이를 큰수의 법칙이라고 합니다. 큰 수의 법칙에 의해 시행을 여러번 반복하지 않고도 확률을 계산할 수 있습니다.

여사건의 확률

어떤 시행에서 일어날 수 있는 모든 경우의 부분집합인 사건 A에 대해 A가 일어나지 않는 사건을 A의 여사건이라고 하며, 기호 A^c로 나타냅니다. 예를 들어 1개의 주사위를 던지는 시행에서 홀수의 눈이 나오는 사건을 A라고 하면, A^c은 홀수의 눈이 나오지 않는 사건, 즉 짝수의 눈이 나오는 사건이므로 $A = \{1, 3, 5\}$, $A^c = \{2, 4, 6\}$ 입니다.

어떤 사건이 일어날 확률과 여사건이 일어날 확률을 더하면 1입니다. 여사건의 확률을 구하는 것이 더 쉬운 경우에 다음의 관계를 이용해 확률을 구합니다.

$P(A)$와 $P(A^c)$의 관계

사건 A와 A의 여사건 A^c에 대하여

$$P(A) = 1 - P(A^c)$$

문제 서로 다른 두 개의 주사위를 동시에 던질 때, 서로 다른 눈이 나올 확률을 구하세요.

풀이 서로 다른 두 개의 주사위를 동시에 던질 때, 서로 다른 눈이 나오는 사건을 A, 같은 눈이 나오는 사건을 A^c라고 합시다. $P(A^c)$를 구하는 것이 더 쉽습니다. 전체 경우의 수는 36가지 이며, 서로 같은 눈이 나오는 경우는 $(1, 1)$, $(2, 2)$, $(3, 3)$, $(4, 4)$, $(5, 5)$, $(6, 6)$ 총 6가지이므로, $P(A^c) = \dfrac{6}{36} = \dfrac{1}{6}$이고, 따라서 $P(A) = 1 - \dfrac{1}{6} = \dfrac{5}{6}$입니다.

문제 서로 다른 세 개의 동전을 던질 때, 앞면이 적어도 한 개 나올 확률을 구하세요.

풀이 세 개의 동전 중에서 앞면이 적어도 한 개 나오는 사건을 A 라고 하면, 앞면이 한 개, 두 개, 세 개가 나오는 경우를 모두 포함합니다. 이 모든 경우에 대한 확률을 구하는 것보다는 이 사건의 여사건인 앞면이 나오지 않는 사건 A^c에 대한 확률을 구하는 것이 쉽습니다. $\mathrm{P}(A^c) = \frac{1}{2} \times \frac{1}{2} \times \frac{1}{2} = \frac{1}{8}$입니다.

따라서 구하는 확률 $\mathrm{P}(A) = 1 - \frac{1}{8} = \frac{7}{8}$입니다.

같은 반에 생일이 같은 친구가 있을 확률은?

세 사람 중 생일이 같은 사람이 있는 사건을 A라고 하면, A의 여사건 A^c은 세 사람의 생일이 모두 다른 사건입니다. 1년이 365일이므로

$$\mathrm{P}(A^c) = \frac{_{365}\mathrm{P}_3}{365^3} = \frac{365}{365} \times \frac{364}{365} \times \frac{363}{365} = 0.9917\cdots$$

확률을 계산하면 $\mathrm{P}(A) = 1 - \mathrm{P}(A^c) = 0.0082\cdots$입니다. 매우 희박한 확률입니다. 하지만, 인원수가 늘어날수록 생일이 같은 사람이 존재할 확률이 늘어납니다. 1년이 365일이므로 제법 많은 사람이 모여야 생일이 같은 경우가 있을 것이라고 생각할 수 있는데요. 실제로는 23명만 있어도 생일이 같은 사람이 있을 확률이 0.5가 넘고, 60명이 모이면, 생일이 같은 사람이

99%이상 있습니다. 한 학급에 학생 23명 있다고 합시다. 생일이 같은 사람이 적어도 두 명이 있을 확률을 구해볼까요?

23명 중 생일이 같은 사람이 적어도 두 명인 사건을 B라고 하면, B의 여사건 B^c은 23명의 생일이 모두 다른 사건입니다. 이때, $P(B^c) = \dfrac{{}_{365}P_{23}}{365^{23}}$이고, $P(B) = 1 - P(B^c) = 0.5072\cdots$입니다. 이는 23명 중 생일이 같은 사람이 있을 확률이 0.5가 넘는다는 의미입니다. 다음의 그래프를 확인해보시죠.

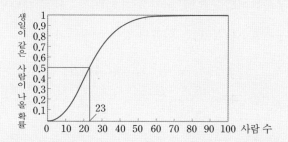

인원수가 증가할수록 생일이 같은 사람이 나올 확률이 증가하며, 60명 가까이 되면 생일이 같은 사람이 있을 확률이 1에 가까워집니다. 옆 반의 학생들까지 모두 조사해보세요. 분명 어떤 친구들은 생일이 같을 겁니다.

수학 교과서에서 한 걸음 더 나아가기

조건부확률

조건부확률은 주어진 사건이 일어났다는 전제 하에 다른 한 사건이 일어날 확률을 의미합니다.

두 사건 A, B에 대하여 확률이 0이 아닌 사건 A가 이미 일어났을 때, 사건 B가 일어날 확률을 사건 A가 일어났을 때의 사건 B의 조건부확률이라고 하며, 이것을 기호 $\mathrm{P}(B|A)$로 나타냅니다. 이때 조건부확률 $\mathrm{P}(B|A)$는 아래와 같이 구합니다.

$$\mathrm{P}(B|A) = \frac{n(A \cap B)}{n(A)} = \frac{\dfrac{n(A \cap B)}{n(S)}}{\dfrac{n(A)}{n(S)}} = \frac{\mathrm{P}(A \cap B)}{\mathrm{P}(A)}$$

$$(\text{단 } \mathrm{P}(A) > 0)$$

문제 어떤 연구자가 곤충 채집을 한 학생을 인터뷰하고 싶어서 조교에게 곤충 채집 경험이 있는 학생을 찾으라고 했습니다. 조교는 어느 고등학교에서 곤충 채집을 해본 학생을 선정했습니다. 다음 표는 이 학교의 모든 학생 100명을 대상으로 곤충 채집을 해봤는지 조사한 것입니다. 이때 조교가 선정한 학생이 여학생일 확률을 구해보세요.

	곤충 채집 했음	곤충 채집 안 했음	합계
남학생	32	28	60
여학생	21	19	40
합계	53	47	100

풀이 100명의 학생 중에서 임의로 선택한 한 명이 곤충 채집을 한 학생인 사건을 A, 여학생인 사건을 B라고 하면,

$$P(A) = \frac{53}{100}, \ P(A \cap B) = \frac{21}{100}$$

따라서 구하는 확률은 $\dfrac{P(A \cap B)}{P(A)} = \dfrac{\frac{21}{100}}{\frac{53}{100}} = \dfrac{21}{53}$ 입니다.

문제 1부터 12까지의 자연수가 하나씩 적힌 12장의 카드 중에서 임의로 한 장을 뽑을 때, 카드에 적힌 수가 2의 배수인 사건을 A, 3의 배수인 사건을 B라고 할 때, $P(B|A)$와 $P(A|B)$를 각각 구하세요.

풀이 사건 $A \cap B$는 6의 배수인 사건이므로,

$$P(B|A) = \frac{P(A \cap B)}{P(A)} = \frac{\frac{2}{12}}{\frac{6}{12}} = \frac{1}{3}$$

$$P(A|B) = \frac{P(A \cap B)}{P(B)} = \frac{\frac{2}{12}}{\frac{4}{12}} = \frac{1}{2}$$

수학 문제 해결

문제 남학생 다섯 명과 여학생 네 명 중에서 두 명의 대표를 뽑을 때, 여학생이 적어도 한 명 뽑힐 확률을 구하세요.

풀이 여학생이 적어도 한 명 뽑히는 사건을 A라고 하면, A^c는 여학생 한 명도 뽑히지 않는 사건, 즉 두 명 모두 남학생이 뽑히는 사건입니다. 남학생과 여학생 아홉 명 중 두 명의 대표를 뽑는 경우의 수는 $_9C_2$, 남학생 다섯 명 중 두 명의 대표를 뽑는 경우의 수는 $_5C_2$

따라서 $P(A^c) = \dfrac{_5C_2}{_9C_2} = \dfrac{10}{36} = \dfrac{5}{18}$ 이고,

$P(A) = 1 - \dfrac{5}{18} = \dfrac{13}{18}$ 입니다.

수학 발견술 1   **때로는 여사건의 확률을 이용하면 계산이 쉽다.**

문제 다음과 같이 원의 둘레 위에 같은 간격으로 서로 다른 여덟 개의 점이 있습니다. 이 점 중에서 서로 다른 세 개의 점을 이어서 만든 삼각형이 직각삼각형일 확률을 구하세요.

풀이 서로 다른 점 세 개를 선택해 연결해 만들 수 있는 모든 삼각

형의 개수는 $_8C_3 = \dfrac{8 \times 7 \times 6}{3 \times 2 \times 1} = 56$입니다.

그런데 이 중 직각삼각형은 원의 지름을 한 변(빗변)으로 하는
삼각형입니다. 직각삼각형의 경우 외접원의 중심이 빗변의 중
점이라는 중학교 기하 지식을 이용했습니다. 서로 다른 여덟
개의 점 중 두 점을 이어 지름이 되는 경우는 네 가지이며, 각
각의 경우 지름을 빗변으로 하는 여섯 개의 직각삼각형을 그
릴 수 있습니다. 한번 그려보시죠. 직각삼각형은 24개 나옵니
다. 따라서 구하는 확률은

$$P(A) = \dfrac{24}{56} = \dfrac{3}{7}\,\text{입니다.}$$

수학 발견술 2	확률 문제를 해결하려면 때로는 기하 지식이 필요하다. 수학은 모두 연결되어 있다.

수학 감성

큰 수의 법칙

통계적 확률은 실제로 시행한 결과를 바탕으로 한 실험적인 확률이며,

수학적 확률은 경우의 수를 이용한 이론적인 확률입니다. 이 두 확률의 관계를 아주 잘 나타내는 통계학의 법칙이 있는데, 바로 큰 수의 법칙입니다. 큰 수의 법칙은 시행 횟수가 늘어날수록 통계적 확률이 수학적 확률에 가까워진다는 법칙입니다. 큰 수의 법칙 덕에 우리는 동전을 무한히 던지지 않고도 앞면이 나올 가능성을 $\frac{1}{2}$로 예측할 수 있습니다.

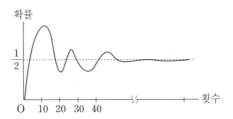

수학적 확률: 이론적인 계산으로 나온 확률
통계적 확률: 실제로 실행한 결과를 통해 나온 확률

위 그래프는 동전을 던진 횟수와 앞면이 나올 확률의 관계를 보여주고 있습니다. 처음에는 확률이 들쭉날쭉하지만, 동전을 던진 횟수가 많아질수록 $\frac{1}{2}$에 근접한다는 것을 확인할 수 있습니다.

동전을 던지는 일은 너무도 단순한 일이지요. 같은 가능성으로 일어나는 모든 경우의 수가 앞면과 뒷면밖에 없습니다. 하지만 우리의 일상생활에는 우연히 일어나는 복잡한 사건이 많습니다. 이 경우 확률의 예측은 거의 불가능합니다. 다만 장기간에 걸쳐 많은 사례를 분석하면 비교적 정확한 예측이 가능합니다. 큰 수의 법칙에 따라 반복 시행하는 횟수가 많거나 표본이 커질수록 우연히 일어나는 사건의 가능성은 일정한 값에 수렴하기 때문입니다.

기상청과 보험회사에서 큰 수의 법칙을 많이 활용하고 있습니다. 기상청에서는 수없이 많이 축적된 날씨와 관련된 자료를 바탕으로 일기예보를 합니다. 또한 보험회사에서는 연령별, 성별, 직업별 사망률과 인간의 수명과의 관계 등을 수많은 사례를 통해 분석하고 이를 기초로 보험금을 적절하게 산출합니다.

최근 인공지능 기술이 급속도로 발전했지요. 인공지능은 빅데이터를 바탕으로 스스로 학습합니다. 데이터가 많아질수록 오류가 줄어들고 더 똑똑해지는 것이죠. 몇 년 전 구글에서 만든 인공지능인 '알파고'와 이세돌 9단이 펼쳤던 바둑 대결을 기억하시나요? 바둑은 경우의 수가 매우 많습니다. 인공지능은 수많은 경우에 따라 이길 확률이 높은 전략을 학습했습니다. 인간은 물리적인 시간과 능력이 유한하기 때문에 지적인 면에서는 인공지능을 따라가지 못합니다. 하지만, 인간에게는 지식보다 더 큰 가치가 있는 지혜가 있습니다. 큰 수의 법칙은 세상을 바라보는 객관적인 시각을 암시해줍니다. 우리가 시도해봤던 수많은 도전과 실패의 모험들, 관련 분야 전문가들의 진솔한 경험담, 고전을 통해 만날 수 있는 선현들의 지혜를 바탕으로 합리적이고 지혜로운 판단과 선택을 하시기 바랍니다.

벡터와 차원, 그리고 공간

다시 일어서서 종이비행기를 날려라

언제나 짧은 길로 달려라. 자연에 맞는 길을 짧다.
그러면 너는 말과 행동에서 가장 건전할 것이다. 그러한 의도는
수많은 근심과 싸움에서, 온갖 꾸밈과 가식에서 구해주기 때문이다
— 마르쿠스 아우렐리우스, 《명상록》 중에서

들어가기

드디어 10일의 대장정을 마무리하는 시간이 다가왔습니다. 마지막 강의 내용은 우리가 살고 있는 '공간'에 대한 이야기입니다. 공간을 이해하려면 반드시 '차원'을 알아야 하고, '차원'을 논하려면 '벡터'의 개념이 필요합니다. 그래서 이번 강의의 제목은 '벡터와 차원, 그리고 공간'입니다. 고등학교 수학의 내용 중 '기하'에 있는 개념들과 함께 재미있는 교과서 밖 지식을 추가했습니다. 신비한 수학의 세계를 음미하기에 충분한 내용들이니 기대하셔도 좋습니다.

2일차 때 배운 원의 방정식을 기억하나요?

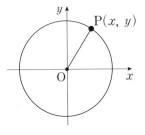

<원의 방정식: $x^2+y^2=r^2$>

데카르트는 고대 그리스 수학자들이 땅 바닥 모래 위에 그리고 연구했던 원을 2차원 좌표평면으로 가져와서 연구했습니다. 그래서 좌표평면을 데카르트 평면이라고도 부릅니다.

좌표평면의 아이디어는 좌표공간으로 확장되었습니다. 이번 강의에선 좌표공간에 그릴 수 있는 곡선까지 살펴보겠습니다. 곡선을 식으로 표현하기 위해서는 벡터와 차원을 알아야 합니다. 우리는 지금까지 1차원, 2차원, 3차원을 암묵적으로 사용했습니다. 하지만 이번 강의에서는 수학적으로 정확히 다룰 것입니다.

차원에 대한 이해는 우리의 시각을 더욱 넓혀줍니다. 여기선 주로 3차원 공간 곡선을 다루겠습니다. 종이비행기의 경로와도 같은 것이지요. 매개변수를 이용한 곡선의 표현 방법은 우리가 알아야 할 새로운 지식입니다.

마지막으로 유클리드 기하학을 새롭게 해석한 비유클리드 기하학을 살펴보고 우리의 삶에 적용할 수 있는 시사점을 찾아보겠습니다.

수학 교과서로 배우는 최소한의 수학 지식

벡터

벡터는 크기와 방향을 동시에 갖는 양입니다. 화살표 모델을 이용하면 쉽게 이해할 수 있습니다. 아래와 같은 화살표가 벡터라고 생각하면 됩니다.

위의 그림은 크기와 방향이 같은 벡터들입니다. 모두 같은 벡터들인데요. 흩어져 있어서 같지 않아 보입니다. 다음의 분수를 생각해보죠.

$$\frac{2}{4} = \frac{3}{6} = \frac{5}{10} = \frac{6}{12} = \frac{8}{16}$$

기약분수로 고치면 $\frac{1}{2}$로 모두 같은 분수입니다. 기약분수는 같은 분수들의 대표 선수 역할을 하는 것이죠.

마찬가지로 위 여섯 개의 같은 벡터를 대표하는 벡터를 찾아볼까요? 평행이동을 시켜 모든 벡터의 시점을 원점으로 일치시켜보겠습니다. 그럼 하나의 벡터가 됩니다. 이 벡터가 수많은 벡터를 대표하게 되는데, 이를 위치벡터position vector라고 합니다.

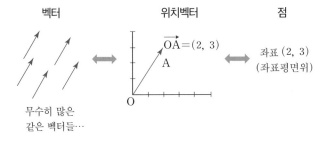

벡터　　　　　　위치벡터　　　　　점

$\overrightarrow{OA} = (2, 3)$

A

좌표 (2, 3)
(좌표평면위)

O

무수히 많은
같은 벡터들…

　　즉 유클리드 공간(수직선, 좌표평면, 좌표공간을 모두 유클리드 공간이라고 합니다. 각각 1차원 유클리드 공간, 2차원 유클리드 공간, 3차원 유클리드 공간입니다)에서 위치벡터 $\overrightarrow{OA}$는 원점 O을 시점으로, 공간 내의 임의의 한 점 A를 종점으로 하는 벡터입니다. 위치벡터는 시점이 고정되어 있고, 종점만 움직이므로 모든 벡터는 좌표평면의 점과 대응합니다. 또한 좌표평면의 점을 하나의 벡터로 생각할 수 있습니다.

　　크기와 방향을 동시에 가진 양이라는 벡터의 정의는 주로 물리학에서 쓰고 있습니다. 수학에서는 잘 정의된 벡터공간(수학에선 여러 벡터공간이 있는데, 유클리드 공간이 그중 하나입니다)의 원소가 바로 벡터입니다. 모든 벡터는 위치벡터로 바꿀 수 있으며, 위치벡터는 좌표상의 하나의 점을 나타내기 때문에 수직선, 좌표평면, 좌표공간의 점들이 바로 벡터라고 할 수 있습니다. 우리가 알고 있는 수는 수직선이라는 1차원 공간의 벡터이고, 순서쌍들은 모두 2차원 공간의 벡터입니다.

차원

차원Dimension이라는 말은 많이 들어보셨죠. 수학에서 논하지 않더라도 차원의 개념은 우리에게 익숙합니다. 아래의 그림은 직선, 정사각형, 정육면체이며, 1, 2, 3 차원을 나타내는 가장 간단한 모델입니다.

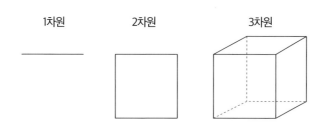

수학적으로는 공간 내에 있는 점의 위치를 나타내는 데 필요한 좌표축의 개수를 차원이라고 합니다. 길게 뻗어 있는 직선이 1차원입니다. 원점을 기준으로 위치를 정하려면 단 하나의 숫자만 있으면 됩니다. 평면에 포함된 한 점의 위치를 지정하기 위해서는 반드시 두 개의 숫자가 필요하지요.

조금 더 엄밀하게 정의하자면, 차원은 벡터공간을 생성하는 기저벡터의 수입니다. 2차원 평면에 있는 모든 점은 x축 위에 있는 점(기저벡터 1)과 y축 위에 있는 점(기저벡터 2)들로 만들 수 있습니다. 예를 들어 기저벡터를 $(1, 0)$, $(0, 1)$이라고 하면, 벡터 $(5, 8)$은 $5 \times (1, 0) + 8 \times (0, 1) = (5, 8)$입니다.

지구상에서 특정한 지점의 위치를 나타내기 위해서는 위도와 경도라는 두 개의 숫자를 알아야 합니다. 이들을 표현하는 순서쌍 (a, b)를 기억할 겁니다. 따라서 평면과 지구의 표면은 2차원입니다.

우리가 살고 있는 공간이 3차원입니다. 높이가 있기 때문이죠. 하늘을 날아가는 비행기의 위치를 나타내기 위해서는 고도라는 변수를 추가해야 합니다. 2차원 평면에 바로 높이가 더해진 겁니다.

물체의 위치를 지정하기 위해 좌표의 개념을 처음 도입한 수학자는 데카르트입니다. 데카르트의 좌표는 차원에 따라 다음의 그림처럼 세 가지 형태로 표현 가능합니다.

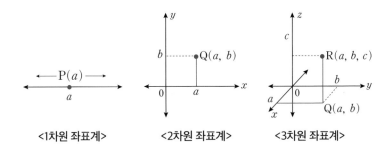

<1차원 좌표계>　　　<2차원 좌표계>　　　<3차원 좌표계>

아인슈타인은 상대성 이론을 전개하면서 3차원 공간에 시간 차원을 추가해서 우리가 살고 있는 공간을 4차원 시공간timespace으로 해석했습니다. 기존의 3차원 좌표는 (a, b, c)와 같은 순서쌍으로 나타낼 수 있었습니다. 하지만 시간 개념을 추가하면 (a, b, c, t)로 표현해야 합니다.

우리가 살고 있는 세상은 4차원입니다. 만일 친구와 약속을 잡는다고 생각해봅시다. 장소와 함께 반드시 시간을 정해야 하지요. 시간을 정하지 않으면, 약속 장소에서 다른 사람을 만나게 됩니다. 비행기 표에는 탑승 게이트의 위치와 함께 출발 시각이 적혀 있습니다. 그 시각을 지키지 않으면 비행기에 탈 수가 없습니다.

매개변수

방정식이나 함수의 식은 매개변수parameter를 이용해 다시 표현할 수 있습니다. 예를 들면 다음과 같습니다.

가) $y=x^2 \iff \begin{cases} x=t \\ y=t^2 \end{cases}$ (단 t는 모든 실수)

여기선 매개변수로 문자 t를 사용했습니다. 함수의 식에서 x와 y는 각각 t로 표현할 수 있습니다. 물론 매개변수 t를 소거하면 $y=x^2$이 나오니 문제없이 매개변수 함수식을 이용할 수 있겠네요.

나) $x^2+y^2=1 \iff \begin{cases} x=\cos\theta \\ y=\sin\theta \end{cases}$ (단 $0\leq\theta\leq2\pi$)

중심이 원점이고 반지름이 1인 간단한 원의 방정식입니다. 매개변수 θ를 이용해 다시 나타내보면 $x=\cos\theta$, $y=\sin\theta$, 여기서 θ의 범위를 $0\leq\theta\leq2\pi$로 표현할 수 있습니다. 매개변수를 소거하기 위해 우리가 잘 알고 있는 $\cos^2\theta+\sin^2\theta=1$을 이용하면 $x^2+y^2=1$이 나옵니다.

다음의 그림은 원점을 중심으로 하고 반지름이 r인 일반적인 원의 방정식 $x^2+y^2=r^2$에 대한 매개변수 표현을 보여줍니다.

$x=r\cos\theta$, $y=r\sin\theta$입니다.

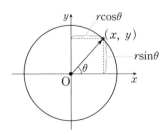

공간상에서 곡선의 방정식

(1) 직선의 방정식

이제 한 점 $P_1(x_1, y_1, z_1)$을 지나고 $\vec{u_1} = (l, m, n)$, (단 $lmn \neq 0$)

에 평행한 직선 g_1의 방정식을 구해보겠습니다.

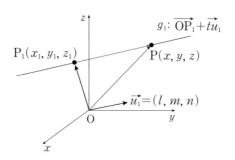

위의 그림에서 직선 g_1의 임의의 점을 $P(x, y, z)$라고 하면,

벡터 $\overrightarrow{OP}$는 벡터 $\overrightarrow{OP_1} = (x_1, y_1, z_1)$와 $\vec{u_1} = (l, m, n)$을 이용해 표

현할 수 있습니다. 즉, 이미 알고 있는 벡터 (x_1, y_1, z_1)과 (l, m, n)

을 이용해 다음과 같이 직선 위에 있는 모든 벡터 (x, y, z)를 만들

수 있습니다. 직선 g_1과 벡터 (l, m, n)이 평행하기 때문입니다.

$(x_1, y_1, z_1) + t(l, m, n) = (x, y, z)$ (단, t는 모든 실수)

이 식을 정리하면, 직선의 방정식은 다음과 같습니다.

$(x, y, z) = (x_1 + lt, y_1 + mt, z_1 + nt)$ (단, t는 모든 실수)

x_1, y_1, z_1, l, m, n은 모두 상수이므로 직선의 방정식은 x, y,

z의 좌표들이 매개변수 t에 대한 일차함수를 이루고 있다는 것

을 알 수 있습니다. 이와 같은 직선의 표현 방식을 매개변수를

이용한 벡터 표현이라고 합니다.

각 좌표들에 대한 미분도 가능합니다. 미분을 하게 될 경우 문제에서 주어진, 직선과 평행한 벡터 $\vec{u_1}=(l, m, n)$를 얻을 수 있습니다. 미분을 해서 상수(벡터)가 나오는 3차원 공간의 도형은 직선밖에 없습니다. 평면에서도 직선을 나타내는 일차함수를 미분할 경우에 상수(기울기)가 나옵니다.

한편 주어진 조건에서 l, m, n이 모두 0이 아니므로 t를 소거해 식을 정리하면, 다음과 같은 직선의 방정식의 대칭 표현을 얻을 수 있습니다.

$$\frac{x-x_1}{l} = \frac{y-y_1}{m} = \frac{z-z_1}{n}$$

대칭 표현에서는 직선과 평행한 벡터 $\vec{u_1}=(l, m, n)$를 한눈에 확인할 수 있습니다.

문제 P$(1, 2, 3)$을 지나며, 벡터 $\vec{u_1}=(2, 3, 6)$에 평행한 직선의 방정식을 구하고, 직선 위에 있는 P 이외의 점을 하나 찾으세요.

풀이 두 가지 표현 방법으로 모두 구해보겠습니다. 먼저 매개변수를 이용한 벡터 표현입니다.

$(x, y, z)=(1+2t, 2+3t, 3+6t)$ (t는 모든 실수)

이 식에서 $\begin{cases} x=1+2t \\ y=2+3t \\ z=3+6t \end{cases}$ 이므로 매개변수 t를 소거해주면,

대칭 표현이 나옵니다.

$$\frac{x-1}{2} = \frac{y-2}{3} = \frac{z-3}{6}$$

직선 위에 있는 또 다른 하나의 점을 찾기 위해 $t=1$을 대입해 보면 $(3, 5, 9)$를 찾을 수 있습니다. 참고로 $t=0$인 경우가 처음 주어진 점 $P(1, 2, 3)$입니다.

(2) 일반적인 곡선의 방정식

우리는 공간상에서 직선을 식으로 나타내는 방법을 학습했습니다. 직선은 가장 단순한 곡선입니다. 이제 일반적인 곡선에 대해 알아보죠. 다음 그림에 공간에 있는 점들이 나와 있습니다. 연속된 모든 점을 연결하면 하나의 곡선이 됩니다.

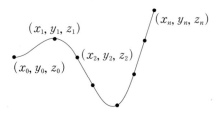

이 곡선을 식으로 어떻게 표현할까요? 직선의 방정식을 구할 때와 마찬가지로 각 좌표들을 매개변수 t를 이용한 함수로 나타내 보겠습니다.

$$\begin{cases} x=f(t) \\ y=g(t) \\ z=h(t) \end{cases}$$

위의 식을 벡터로 표현하면 다음과 같습니다.

$$(x, y, z) = (f(t), g(t), h(t))$$

각 좌표의 식들이 모두 t에 대한 일차식이 될 경우엔 특별히 직선이 되었죠.

이 식은 직선을 포함하는 일반적인 곡선의 식입니다. 다음의 그림을 보시죠. 실수 t가 어떤 구간에서 변함에 따라서 각각 대응되는 x, y, z 좌표들이 점으로 표시되어 있습니다. 이 점들을 모두 잇게 되면, 곡선curve을 그릴 수 있습니다. 보통 t를 연속적으로 변하는 시간으로 해석할 때가 많은데요. 다음의 곡선을 파리가 시간의 흐름에 따라 공간을 날아다니면서 만든 곡선으로 생각하면 어떨까요? 벡터로 잘 표현되어 있네요.

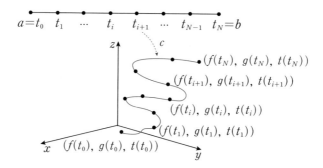

수학 교과서에서 한 걸음 더 나아가기

비유클리드 기하학

우리는 삼각형의 내각의 합이 180도가 된다는 사실을 잘 알고 있습니다. 유클리드가 저술한 《원론》에도 나오는 내용으로 2000년 가까이 어느 누구도 의심하지 않은 진리였습니다.

하지만 평면에 그려진 삼각형일 때만 맞습니다. 평면 기하학은 《원론》을 바탕으로 유클리드가 집대성한 '유클리드 기하학'입니다. 유클리드의 《원론》에 나오는 모든 명제(정리)는 다섯 개의 공리와 다섯 개의 공준을 기본 전제로 도출되었습니다. 모든 공리와 공준은 직관적으로 매우 명백한 것으로 보였고, 절대적인 의미에서 참으로 간주되었죠. 유클리드 기하학 이외의 다른 기하학은 생각할 수도 없었습니다.

그러나 유클리드 이후 수학자들은 다섯 번째 공준을 새롭게 해석했습니다. 제5공준은 평행선 공준으로 알려져 있습니다. 내용을 보시죠.

> 직선 밖의 한 점을 지나고 그 직선에 평행한 직선은 단 하나만 존재한다.

《원론》에서 제시된 제5공준과 표현 방식은 약간 다르지만, 현대적으로 이 표현을 더 많이 사용하고, 제5공준과 수학적으로는 같은 내용이라는 것이 증명되었습니다.

수학자들은 유클리드가 가정한 다섯 번째 공준을 부정해도 다른 공리나 공준들과는 아무런 모순이 없다는 것을 찾아냈습니다. 즉 평행선은 단 하나만 존재하지 않고 무수히 많을 수도 있으며 존재하지 않을 수도 있는데요. 이를 바탕으로 19세기 초 구면기하학과 쌍곡기하학이 나왔고, 그 이후에도 다양한 비(非) 비유클리드 기하학이 등장하게 됩니다.

아인슈타인의 상대성 이론도 비유클리드 기하학을 토대로 만들어졌습니다. 왜냐면 우주 공간은 중력의 작용으로 인해 휘어져 있기 때문입니다. 빛은 가장 짧은 경로로 이동합니다. 우리가 생각할 수 있는 가장 짧은 경로는 바로 직선이지요. 하지만 태양과 같은 질량이 큰 천체 주위를 지나는 빛은 휘어서 이동하는 것이 관측됩니다. 빛이 휘어진 공간에서 가장 짧은 경로로 이동하는 것입니다.

지구본 위의 두 점을 잇는 가장 짧은 선은 무엇일까요? 비유클리드 공간에서는 직선을 새롭게 정의해야만 했습니다. 유클리드 기하학은 중력이 작용하지 않는 이상적인 공간에서만 잘 들어맞는 근사한 이론이었던 겁니다.

비유클리드 공간에서는 삼각형의 내각의 합이 180°가 아니라 이보다 크거나 작으며, 우리가 생각하는 원의 모양도 다릅니다. 여기서는 가장 대표적인 비유클리드 기하학이라고 할 수 있는 택시기하학, 구면기하학, 쌍곡기하학에 대해 간단하게 살펴보겠습니다.

택시 기하학

(1) 택시 거리(맨해튼 거리)

택시 기하학은 가장 간단한 비유클리드 기하학입니다. 유클리드 기하학에서의 거리를 새롭게 정의해 탄생했습니다. 유클리드 좌표평면에서 두 점 사이의 거리는 피타고라스의 정리를 이용해 구할 수 있습니다.

택시 기하학 역시 유클리드 좌표평면을 사용하는데요. 유클리드 기하학과 차이점은 거리 개념입니다. 택시 기하학에서 거리는 도시에서 택시가 가는 경로로 측정됩니다. 택시 기하학에서의 거리를 맨해튼 거리라고도 합니다.

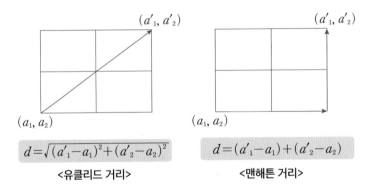

$$d=\sqrt{(a'_1-a_1)^2+(a'_2-a_2)^2}$$

<유클리드 거리>

$$d=(a'_1-a_1)+(a'_2-a_2)$$

<맨해튼 거리>

거리는 두 점을 잇는 최단 경로를 말합니다. 유클리드 기하학에선 최단 경로가 단 하나 존재하지요. 그런데 택시 기하학에서는 여러 개 있습니다. 다음 그림을 보면, 유클리드 공간의 최단 경로는 파란색 선으로 단 하나 존재합니다. 그런데, 택시 공간에서 최단 경로는 검은색, 회색, 점선 모두 가능합니다. 한 칸의 길이를 1이라고 하면, 최단 경로의 길이는 모두 12입니다.

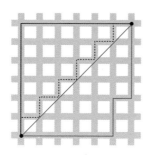

택시 기하학은 도시의 모델을 설계하는 도시지리학에 응용됩니다. 건물이 많은 도시에서는 길이 바둑판처럼 되어 있는 경우가 많기 때문입니다. 우리가 흔히 사용하는 내비게이션에서의 최단거리 산출도 택시 기하학에 바탕을 두고 있습니다.

(2) 택시 기하에서의 정삼각형

유클리드 기하학에서 정삼각형은 '세 변의 길이가 같은 삼각형'으로 정의됩니다. 이 정의를 택시 기하학에 적용해 보겠습니다.

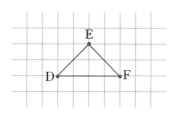

위 그림에서 △DEF는 두 꼭짓점 사이의 거리가 모두 4이므로 택시 기하학에 따르면 정삼각형입니다. 유클리드 기하학에서의

정삼각형과는 모양이 조금 다릅니다. 정삼각형은 세 내각의 크기가 모두 60°로 같아야 하는데 이 삼각형은 세 각의 크기가 각각 45°, 45°, 90°입니다.

구면 기하학

(1) 구면 기하학에서의 직선과 측지선

구면 기하학은 유클리드의 제5공준을 비판하면서 나온 비유클리드 기하학입니다. 구sphere의 표면에 해당하는 구면으로 구현되며, 지구본 모델로 설명할 수 있습니다. 구면 기하학에서는 평행선이 존재하지 않습니다. 다시 말해 임의의 두 직선은 무조건 만납니다. 그 이유를 몇 가지 정의와 함께 살펴보겠습니다.

> **구면 기하학에서의 직선**: 구면상의 각 대원great circle이 직선입니다. 구의 중심을 지나는 평면과 구면의 교선으로 얻어지는 반지름이 가장 큰 원호들을 말합니다.
>
> **구면 기하학에서의 선분**: 대원의 일부
>
> **두 직선이 이루는 각**: 두 대원이 만나 생기는 각도

두 점 사이의 최단 경로를 측지선geodesic이라고 합니다. 지름길이라고 생각해도 됩니다. 두 점 사이의 최단 거리가 측지선의 길이입니다.

구면기하학에서 임의의 두 점 사이의 측지선은 대원의 일부가 됩니다. 즉 구의 중심을 지나면서 구면 위의 두 점을 포함하는 평면과 구면의 교선으로 얻어지는 호입니다. 지구 모델로 쉽게 생각해보면, 지구의 중심과 지표면의 두 점을 잇는 부채꼴의 호가 측지선입니다.

이 호를 무한하게 연장하면 직선이 되는데, 구면에서는 무한히 연장하면 가장 큰 원인 대원이 되는 것이죠. 구면기하학의 직선인 대원 두 개를 상상해보기 바랍니다. 항상 두 점에서 만나게 되어 있습니다. 평행선은 없습니다. 아래의 그림에서 직선 세 개가 만나서 생기는 삼각형을 확인할 수 있습니다.

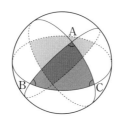

구면 기하학에서 직선 세 개는 삼각형을 만듭니다. 구면삼각형입니다. 신기한 것은 삼각형의 세 내각 크기의 합이 $180°$보다 큽니다. 구면 기하학에서는 충분히 가능한 일입니다.

(2) 구면 기하학의 활용

지구가 구면이기 때문에 비행술과 항해술에 구면 기하학이 활용됩니다. 태평양 위에서 비슷한 위도에 있는 목적지로 항해할 때, 배의 경로를 지도상에 표시해보면 휘어 있습니다. 평면에서는 구면의 최단 경로가 왜곡됩니다. 항공편도 마찬가지입니다. 인천─뉴욕을 오가는 항공노선은 알래스카 상공을 통과합니다. 더 짧은 북극 항로를 이용하는 것이 시간이나 비용 면에서 경제적이기 때문입니다.

쌍곡 기하학

쌍곡 기하학은 말 안장처럼 휘어진 오목한 면에서 정의되는 기하학입니다. 이 면을 쌍곡면이라고 합니다. 구면 기하학의 경우, 지구본이라는 우리에게 익숙한 모델이 있는 반면 쌍곡 기하학은 조금 덜 친숙한 비유클리드 기하학입니다.

쌍곡면은 안으로 휘어 들어가 있는 공간이기 때문에 삼각형을 그리면, 오목한 삼각형이 그려지게 됩니다. 삼각형의 세 각의 크기가 모두 작아지게 되죠. 구면 삼각형과는 반대로 세 내각 크기의 합이 180°보다 작습니다.

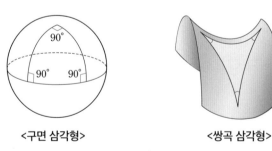

<구면 삼각형>   <쌍곡 삼각형>

또한 구면 기하학에서는 평행선이 존재하지 않았지만, 쌍곡 기하학에서는 한 직선에 대한 평행선을 두 개 이상 그릴 수 있습니다.

산의 계곡면이 쌍곡면과 비슷하기 때문에 계곡면의 넓이나 경사도와 같은 측량술에 쌍곡 기하학이 활용됩니다.

아인슈타인은 일반상대성 이론에서 우주 공간이 다양한 질량을 가진 천체들에 의해 휘어져 있다는 것을 밝혀냈습니다. 휜 공간을 기술하는 기초 원리를 쌍곡 기하학에서 찾았다고 합니다.

이처럼 비유클리드 기하학은 유클리드《원론》의 제 5공준에 대한 의심에서 출발해 현재 우주의 시공간을 해석하는 이론으로도 활용되고 있습니다.

수학 문제 해결

문제 평면상에서 원의 방정식 $x^2 + y^2 = 9$를 매개변수를 이용해 표현하세요.

풀이 원의 방정식 $x^2 + y^2 = 1$을 매개변수를 이용해 표현하면, $x = \cos t,\ y = \sin t$(단, $0 \leq t \leq 2\pi$)입니다.

$\cos^2 t + \sin^2 t = 1$이기 때문이죠.

이 사실을 활용하면 원의 반지름이 1이 아니라 일반적인 r인 경우에도 매개변수를 이용해 표현할 수 있습니다.

$x^2 + y^2 = r^2$에 대한 매개변수 표현은

$x=r\cos t$, $y=r\sin t$입니다. $\cos^2 t+\sin^2 t=1$이므로

$x^2+y^2=r^2\cos^2 t+r^2\sin^2 t=r^2$이기 때문입니다.

이 문제에서는 $r=3$이므로

$x=3\cos t$, $y=3\sin t$(단, $0\leq t\leq 2\pi$)와 같은 매개변수 표현이

가능합니다.

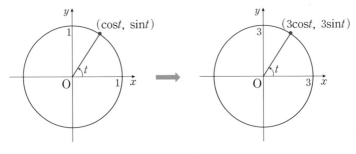

[유추 모델 1]

이 문제를 해결하기 위한 유추 모델이 그림에 나와 있습니다. 유추는 내가 알고 있는 지식이나 문제의 해법을 구조가 비슷한 문제를 해결하는 데 사용하는 것을 말합니다. 여기서 내가 알고 있는 지식은 반지름이 1인 원의 매개변수 표현입니다. 새롭게 주어진 문제에서는 반지름이 3인 원으로만 바뀌었을 뿐, 문제의 구조가 비슷합니다. 풀이법을 유추해 새로운 문제를 풀 수 있는 것이죠.

문제 다음과 같은 벡터로 표현된 3차원 공간 곡선이 무엇인지 설명하세요.

$$(x(t), y(t), z(t))=(\cos t, \sin t, t)\ (단, t\geq 0)$$

238

풀이 벡터의 각 성분이 매개변수를 이용한 함수로 표현되어 있으므로 3차원 공간 곡선이 됩니다. 문제를 풀기 위해 가장 먼저 할 일은 $z-$좌표축이 없다고 생각하는 겁니다.

즉 $x-$좌표축과 $y-$좌표축만으로 된 평면곡선을 그려봅니다. $t \geq 0$이므로 (x, y)순서쌍들은 평면에서 반지름이 1인 원을 그리며 돌고 있습니다. 이제 $z-$좌표축을 같이 생각합니다. 일정한 폭으로 높이를 더하고 있습니다.

이제 모든 좌표축을 같이 생각하면, 이 곡선은 마치 원기둥을 일정한 간격으로 빙빙 휘감고 올라가는 나선입니다.

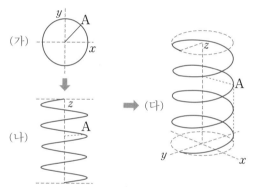

[유추 모델 2]

위 그림은 나선의 겨냥도이자 유추를 활용해 문제의 해법을 찾을 수 있는 유추 모델입니다. 우리가 이미 알고 있는 익숙하고 친숙한 지식에서 출발합니다.

가장 먼저 평면의 (x좌표, y좌표)에서 원을 찾아내고(가), 그다음 일정한 간격으로 올라가는 높이(z좌표)를 생각해내는 것이죠(나). 이후 세 좌표축을 종합적으로 판단해 원기둥 나선 형태라는 것을 확인(다)하면 됩니다.

문제 택시 기하학에서 거리의 정의를 이용해 원점으로부터 거리가 2인 원을 그리세요.

풀이 우리가 유클리드 공간에서 원을 그릴 때는 컴퍼스를 이용합니다. 그러나 택시 기하학에서는 자만 있으면 됩니다. 왜냐면 택시 기하학에서의 거리의 정의 때문입니다.

이 문제에서는 원점에서 거리가 2가 되는 (x, y)순서쌍을 찾으면 됩니다. 아래의 첫 번째 그림을 확인해 보세요. 여덟 개의 순서쌍이 있지요.

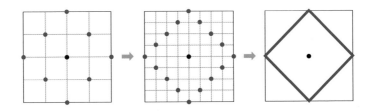

첫 번째 그림으로 끝낸다면 조금 서운합니다. 점을 더 찍고 싶습니다. 좌표평면에 더 이상 격자점이 없는데 어떻게 하지요? 여기서 조금 창의적이고 독창적인 생각을 할 수 있습니다. 도시에 도로(길)를 만드는 것이죠. 블록마다 하나씩 도로를 더 만들겠습니다. 처음 그림에선 한 칸이 1이었지만, 두 번째 그림에서는 0.5가 됩니다. 파란색 점이 두 배로 늘었지요.

유클리드 공간에서 수의 범위가 실수일 경우에 그래프는 연결됩니다. 택시원도 마찬가지로 점들을 연결해야 할 것 같은데요. 점의 수가 너무 적습니다. 어떻게 해야 할까요?

또 도로(길)를 만들면 됩니다. 없던 길을 만들면 점들이 많아지고 택시원이 마름모가 될 것이라는 추측을 할 수 있습니다. 추측은 옳았습니다. 좌표평면에서 원점으로부터 점 (x, y)까지의 택시거리(맨하튼 거리)가 2가 되는 모든 순서쌍들은 $|x| + |y| = 2$의 그래프 위에 있습니다.

식이 조금 복잡하지만, 우리는 이미 $|x| + |y| = 2$의 그래프를 그리는 방법을 알고 있습니다. 수의 범위를 고려해 절댓값을 제거하면 다음의 네 개의 식을 얻을 수 있습니다. 이 식을 모두 좌표평면 위에 그리면 세 번째 그림인 택시원이 나옵니다.

* $x + y = 2$ (단, $x \geq 0, y \geq 0$)

* $x - y = 2$ (단, $x \geq 0, y \leq 0$)

* $-x + y = 2$ (단, $x \leq 0, y \geq 0$)

* $-x - y = 2$ (단, $x \leq 0, y \leq 0$)

수학 발견술 2
길이 없으면, 만들어라.
문제를 해결할 수 있는 길이 열릴 것이다.

수학 감성

종이 비행기 날리기

벡터를 가르칠 때면 종이비행기를 접어 날려보는 실험을 꼭 합니다. 학생들과 야외로 나가 다 같이 날릴 때도 있고, 교실 앞에서 미리 만들어 놓은 종이비행기를 날려보기도 합니다.

종이비행기가 그리는 곡선은 차원의 개념을 이해하는 데 도움이 됩니다. 본인이 날린 종이비행기의 경로를 그려보는 수행평가를 내기도 합니다.

종이비행기의 어느 한순간의 위치를 표현하기 위해선 세 개의 숫자가 필요합니다. 바닥에서의 위치를 나타내는 숫자 두 개와 높이에 해당하는 숫자 한 개를 합쳐 (a, b, c)로 좌표를 나타냅니다. 비행을 하는 동안 생기는 수많은 좌표를 연결하면 종이비행기의 경로가 만들어집니다.

이 경로를 식으로 표현할 수도 있습니다. 이미 배운 것처럼 세 개의 매개변수 함수 벡터로 말이죠. 물론 함수의 식을 구하는 것까지 요구하지는 않습니다.

다만 학생 수만큼의 비행기 경로가 나온다는 것을 이해하면 됩니다. 우리가 그린 곡선은 모두 다릅니다. 마치 천차만별인 우리의 인생과 마찬가지로요.

사실 공간의 관점에서 보면 위아래의 구분도 모호합니다. 적도에 있는 사람과 북극에 있는 사람이 공을 던지는 모습을 지구 밖에서 본다면 각각의 공이 날아간 방향은 90도 차이가 납니다. 둘 다 위로 던진 공인데 말이죠. 공간은 상대적인 개념입니다.

종이비행기가 그리는 각각의 곡선 역시 모두 의미가 있습니다. 종이비행기는 3차원 공간을 날았지만, 우리는 2차원 백지에 그 경로를 그려야 할 때도 있습니다. 물론 비행기의 움직임을 정확하게 담아낼 수는 없습니다. 상상만 가능합니다. 3차원에서 오롯이 느낀 경험을 통해 2차원 그림으로 나타낼 수 있겠지요.

유추의 힘

오늘은 비유클리드 기하학을 공부했습니다. 비유클리드 기하학은 2000년을 이어져 내려온 기존 수학 지식을 비판하면서 나왔습니다.

우리는 그중에서 택시 기하, 구면 기하, 쌍곡 기하를 살펴봤습니다. 수학은 이처럼 이미 만들진 완전체가 아니라 시간이 흐르면서 수정되고 보완되어야 할 미완의 지식입니다.

여러분은 지금 누군가가 연구해 밝혀놓은 것들을 공부하지만, 언젠가는 이 공부를 끝내고 나만의 지식을 만들어야 합니다. 여러분 자신을 창조하고 표현해야 합니다.

수학 발견술 가운데 유추를 이용하면 됩니다. 유추란 유사한 대상의 대응하는 부분의 관계를 찾는 추론 방식입니다. 예를 들어 2차원의 평면상 거리를 3차원 공간의 거리로 확장할 수 있는 것처럼 말이죠. 그래서 기존의 바탕 지식이 중요한 겁니다.

혹자는 유클리드 기하학은 우리가 사는 공간을 올바로 반영하지 못한다고 비판합니다. 하지만 유클리드 기하학이라는 기반이 없었다면 비유클리드 기하학이 탄생하기 어려웠을 겁니다. 어떤 분야든 새로운 담론을 발견하고 발전시키기 위해서는 우리가 이미 알고 있는 기초 지식을 깊게 탐구하는 것이 선행되어야 한다는 점을 명심하기 바랍니다.

수학의 저주

학교에서는 수학 이외의 여러 과목을 가르치고 배웁니다. 그런데, 유독 수학을 가르치고 배우는 상황에만 나타나는 현상들이 있습니다. 수학 문제를 마주하면 눈앞이 캄캄해지고 방금 풀어본 문제일지라도 또 풀어보면 어렵고 처음 보는 문제처럼 느껴지는 겁니다. 그리고 꼭 수학 시험 시간에는 풀이가 생각나지 않다가 시험지를 제출하고 나면 해법이 생각나지요. 이와 같은 수학으로 인한 심리적인 불안정 상태를 "수학 불안"으로 정의합니다. "수학 불안"은 수학 교육을 연구하는 학자들이 오랜 기간 연구해온 주제이며, 우리나라의 학생들에게 주로 나타나는 현상으로 알려져 있습니다. 상대적으로 영어 불안이나, 국어 불안, 과학 불안과 같은 단어는 별로 쓰지 않는 것을 보면, 수학 학습이 학생들에게 부담을 주고 있는 것이 분명해 보입니다.

지식의 저주the curse of knowledge라는 심리학 용어가 있습니다. 가르치는 사람은 자신이 이미 과거에 능숙하게 익힌 기술을 설명하면서, 처음 배우는 사람들이 더 짧은 시간에 이해할 것이라고 생각하는 현상을 의미합니다. 실제로 수학을 가르치는 상황에서 많이 나타납니다.

저는 최근 모 방송의 뉴스에서 어떤 교수가 한 말이 아직도 생각납니다. 그분은 중고등학교 수학 교실에서 '수포자'들이 50% 가까이 있으며, 이 학생들이 왜 수학을 못하고 싫어하는지 전혀 이해가 되지 않는다고 말했습니다.

깜짝 놀랐습니다. 학교 다닐 때부터 수학을 잘했던 분이 교수가 되어 전 세계 어디에도 없는 '수포자'라는 단어를 남발하면서 수학 교육을 논하고 있었습니다. 내가 알고 있는 수학을 학생들도 쉽게 배울 것이라고 착각하고 수학을 이제 막 배우기 시작한 학생들의 처지를 이해하지 못하는 분들이 많이 있습니다.

수학 선생님, 수학 교수님은 물론 수학 교육과 관계가 없는 분들까지 아무렇지도 않게 사용하는 '수포자'라는 용어 때문에 순수한 아이들의 자존감은 많은 상처를 받고 있습니다. 우리나라에만 있는 이 '수포자'라는 단어는 과연 누가 처음 만들었을까요? 저는 '수포자'라는 단어가 일종의 낙인 프레임에서부터 유래되었다고 생각합니다.

일부 사람들은 수학 교육 전문가 행세를 하면서 '수포자' 프레임을 상업적으로 이용하려고 부단히 노력하고 있습니다. '수학의 저주'가 아니길 바랄 뿐입니다.

현재 우리나라의 수학 교육 문제를 풀 탈출구가 어디 있는지, 방향조차 가늠할 수 없습니다. 일반인뿐만 아니라 전문가들의 생각도 제각각 다르기 때문에 우리 아이들을 가득 실은 수학 배가 이미 산으로 와 있습니다. 어디서부터 다시 시작해야 할까요? 분명한 힌트가 있습니다. 아마도 우리 모두가 '수포자'라는 단어를 절대로 쓰지 말아야 할 것입니다.

문제에 대한 정확한 답과 형식적인 수식만 존재하는 빈틈없고 차가운 수학 교실보다는 시행착오와 모험, 실수나 실패가 허용되고 누구나 마음으로 수학을 음미할 수 있는 문화가 정착되길 바랍니다.

수학 시험 잘 보는 법
(심화편)

수학 개념을 다 알고 있는데 시험 문제에 손을 댈 수 없어 문제를 풀지 못한 경험이 있으신가요? 유독 수학이라는 과목에서만 '수학 불안'이라는 용어가 있다고 말씀드렸습니다. 수학이 우리에게 주는 스트레스 지수가 꽤 높다는 것을 의미합니다. 수학은 왜 이렇게 우리를 괴롭히는 것일까요? 수학 시험을 잘 보는 방법이 정말 있을까요?

학생마다 처방전이 다르겠지요. 여기서는 공부를 어느 정도 열심히 하고 있지만 고득점이 어려운 학생을 위한 일반적인 방법을 제시하겠습니다.

쉬운 문제는 무조건 맞혀라

수학 시험에서 고득점을 얻기 위해서는 쉬운 문제는 무조건 맞혀야 합니다. 어려운 문제를 잘 푸는 학생일지라도 쉬운 문제를 실수로 자주 틀리게 된다면 수학 잘한다는 소리를 듣기 어렵습니다. 그렇다면 어떻게 해야 우리는 쉬운 문제를 실수하지 않고 잘 풀 수 있을까요?

대학교에서 수학을 전공하던 시절 저는 수학 강의를 하시던 교수님들로부터 하나의 공통적인 특징을 찾을 수 있었습니다. 아무리 쉬운 문제라고 하더라도 끝까지 풀어주셨다는 것입니다. 사소한 문제라고 하더라도 답이 나올 때까지 풀던 습관이 교수님들의 몸에 배어 있던 것입니다. 학생이었던 제가 보기에는 교수님들은 대략적인 흐름을 알려주고, 계산은 직접해보라고 말씀하셔도 충분할 것 같았는데 말이죠.

문제를 끝까지 풀지 않고, 쉬운 내용이라고 해서 눈으로 훑어보면서 수학 공부를 하는 학생들이 의외로 많이 있습니다. 이렇게 공부하게 되면, 시험을 보는 실전에서 실수를 자주 하게 됩니다. 마음속으로 문제 해결의 아이디어를 떠올려야 하지만, 분명히 손으로 끝까지 푸는 습관을 갖기 바랍니다. 머리를 믿지 마세요. 내 손을 믿어야 합니다.

의미 있는 유추의 전략을 짜라

혹시 2~3일 전에 먹은 점심 메뉴를 기억하고 있나요? 음식이 아주 맛있었거나 특별한 감각의 자극이 없이 평범한 식사였다면 대부분 기억이 나지 않을 것입니다. 웨빙하우스의 망각곡선이라는 유명한 심리학 개념을 살펴보겠습니다.

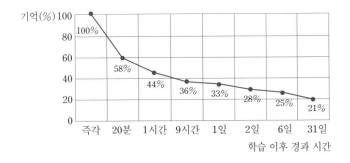

<웨빙하우스의 망각곡선>

웨빙하우스는 망각곡선을 이용해 어떤 사실이 우리 기억에 저장되는 비율을 설명했습니다. 하루가 지나면 최초 기억의 3분의 1밖에 기억이 나지 않습니다. 2~3일 전 점심시간에 어떤 음식을 먹었는지는 한참을 생각해야 떠오릅니다.

물론 해결책은 있습니다. 주기적으로 과거의 기억을 떠올려 암기하는 것입니다. 반복 학습과 암기가 중요한 이유입니다. 문제를 많이 풀어보는 것도 중요하지요. 하지만 이것은 너무도 당연한 이야기입니다. 여기서는 조금 다른 이야기를 하고 싶습니다. 암기를 아무리 열심히 해도 수학 시험 시간에 생각나지 않을 수 있기 때문입니다. 장기기억에 저장되어 있는 지식을 잘 끌어내는 것이 무엇보다 중요합니다.

결론부터 말씀드리면, 예전에 공부했던 상황을 생각해보고, 경우에 따라서 문제를 변형하고 시각적인 자료를 활용해야 합니다. 2~3일 전의 점심 식사 메뉴를 생각해내기 위해 우리가 할 수 있는 전략에는 어떤 것이 있을까요? 그때의 상황을 그려보는 겁니다. 어떤 식당에서 누구와 같이 식사를 했는지 떠올려도 좋습니다.

보통 학교에서는 수학 개념이나 지식, 법칙을 먼저 가르치고, 그 다음에 관련된 문제를 바로 다룹니다. 그런데 시험은 어떤가요? 문제가 주어지고 우리는 문제를 풀기 위해 관련된 개념을 생각해야 합니다. 문제를 풀기 위해 우리가 알고 있는 모든 지식과 풀어본 문제의 해법 등을 총동원해야 합니다. 여러분이 공부한 많은 지식은 이미 머릿속의 장기기억 어딘가에 저장되어 있습니다. 어떻게 하면 잘 꺼내 쓸 것인가를 궁리해야 합니다.

이미 알고 있는 사전 지식을 새로운 상황에 적용하는 추론을 '유추'라고 했습니다. 여러 수학 교육 관련 연구 결과는 유추를 의미 있게 활용하기 위해서는 문제에 적용할 수 있는 그래프나 그림 같은 시각적인 자료를 적극 활용하고, 필요하면 문제 구조를 변형하라고 권고합니다.

이 전략은 특히 어려운 문제를 풀 때 큰 도움이 됩니다. "이 문제를 달리 표현해줄 수 있는 그래프나 그림은 없을까?", "이 문제의 구조를 다른 형태로 바꿀 수 없을까?"와 같은 고민을 끊임없이 하다 보면 내가 예전에 공부한 내용이나 어렵게 풀었던 문제의 해법들이 섬광처럼 머리를 스쳐 지나갈 것입니다.

숫자만 바꾼 문제 풀이에도 전략이 필요하다

시험 문제를 내는 교사들은 당연히 여러 책에서 출제 아이디어를 얻지만, 주로 참고하는 자료는 아마도 교과서일 겁니다. 싱가포르에서는 한때 코로나19 팬데믹으로 모든 학교에서 온라인 수업이 진행되었습니다. 이때 저는 학생들에게 기말고사의 모든 시험 문제를 교과서의 쉬운 유형의 문제들에서 숫자만 변형해서 내겠다고 공지했습니다. "교과서에 있는 문제만 다 풀 수 있으면 100점 맞을 수 있나요?"라고 묻는 학생들이 많았습니다.

이론적으로는 그럴듯합니다. 교과서에 있는 모든 문제 풀이 방법만 알고 있으면 다 맞힐 수 있습니다. 결과가 궁금하시죠? 교과서에 있는 문제를 다 풀 수 있던 학생들이 모두 100점을 받았을까요? 그렇지 않습니다. 수학 문제는 숫자만 바뀌도 전혀 새로운 문제처럼 느껴집니다. 상당수 학생들이 문제 풀이가 어려웠던 이유를 다음과 같이 세 가지로 정리해 봤습니다.

첫째, 교과서에 있는 풀이를 그냥 눈으로 읽고 공부했기 때문입니다. 앞에서도 논했던 부분입니다. 요즘 학생들이 수학 공부하는 것을 보면, 온라인 수업 사이트나 유튜브에서 인터넷 강의를 즐겁게 듣고 눈으로 읽으면서 공부합니다. 이런 공부는 쉽고 즐겁습니다. 가끔 강사들이 하는 농담을 듣다 보면 시간이 가는지도 모릅니다. 그러나 이런 공부법은 수학을 어느 정도 하는 학생들에게는 도움이 안 됩니다. 인터넷 강의보다는 책 한 권을 놓고 혼자서 푸는 것이 더 좋을 수도 있습니다. 수학 공부는 꼭 책과 종이를 꺼내 놓고 내 손으로 직접 하기 바랍니다.

둘째, 더 넓게 공부를 하지 않았기 때문입니다. 아무리 범위가 정해져 있다고 하더라도 관련된 문제들을 여러 개 풀어 본 학생들만이 고득점을 받을 수 있습니다. 문제를 바라보는 안목을 충분히 기를 수 있기 때문입니다. 심지어 과목을 넘나들면서 여러 분야의 지식을 융합해본 학생들은 교과서만 풀어본 학생들과 점수 차이가 날 수밖에 없습니다. 수학은 특히 숫자만 바꿔도 전혀 다른 문제처럼 느껴지기 때문에 여러 자극을 주면서 공부할 필요가 있습니다. 수학 고득점의 비결은 다양한 문제 해결을 통해 우리의 기억에 신선한 자극을 지속적으로 주는 것이라는 점을 기억하기 바랍니다.

셋째, 전략적인 학습법이 없기 때문입니다. 이 책에서 저는 지속적으로 '수학 발견술'을 강조했습니다. 우리는 수학 공식을 암기하고 있는 것처럼 '수학 발견술'도 기억하고 있어야 합니다. 제가 제시해 준 "의미 단락별로 끊어서 풀어라", "잘 모르겠으면 미분하라"와 같은 발견술을 외워두었다가 바로 꺼내어 쓰기 바랍니다.

수학을 잘하고, 수학 시험을 잘 보면 몇 가지 즐거움이 생깁니다. 먼저, 자신감이 생깁니다. 다른 과목에 대한 학습 의욕도 덩달아 생기며, 공부 태도가 바뀝니다. 또한 친구가 생깁니다. 누군가에게 수학 학습의 멘토가 되어 주면 배우는 사람의 실력이 느는 것은 물론이고, 가르치는 사람의 실력도 늘고 학교 생활 전반에 긍정적인 도움이 됩니다. 마지막으로 수학을 잘한다면, 상급학교 진학이 더 유리해지고 더 많은 선택권을 가질 수 있다는 장점도 있습니다.

저는 여러분들에게 수학이 괴로운 무엇이 아니라, 인생을 함께하는 평생의 좋은 친구가 되길 바랍니다. 여러분이 지금 타고 있는 '수학 열차'가 보람과 행복으로 가득 찬 쾌적한 열차가 되는 데 이 책이 작은 도움이 되길 바랍니다.

10일 수학 고등편

초판 1쇄 발행	2021년 7월 23일

지은이	반은섭
책임편집	정일웅
디자인	고영선 김은희

펴낸곳	(주)바다출판사
발행인	김인호
주소	서울시 마포구 어울마당로5길 17 5층(서교동)
전화	322-3675(편집), 322-3575(마케팅)
팩스	322-3858
E-mail	badabooks@daum.net
홈페이지	www.badabooks.co.kr

ISBN	979-11-6689-029-1 43410